シリーズ 情報科学における確率モデル **5**

Series on Stochastic Models in Informatics and Data Science

エントロピーの幾何学

田中　勝 【著】

コロナ社

**シリーズ 情報科学における確率モデル
編集委員会**

編集委員長

博士（工学） 土肥　正（広島大学）

編集委員

博士（工学） 栗田多喜夫（広島大学）

博士（工学） 岡村　寛之（広島大学）

2018年10月現在

刊行のことば

　われわれを取り巻く環境は，多くの場合，確定的というよりもむしろ不確実性にさらされており，自然科学，人文・社会科学，工学のあらゆる領域において不確実な現象を定量的に取り扱う必然性が生じる。「確率モデル」とは不確実な現象を数理的に記述する手段であり，古くから多くの領域において独自のモデルが考案されてきた経緯がある。情報化社会の成熟期である現在，幅広い裾野をもつ情報科学における多様な分野においてさえも，不確実性下での現象を数理的に記述し，データに基づいた定量的分析を行う必要性が増している。

　一言で「確率モデル」といっても，その本質的な意味や粒度は各個別領域ごとに異なっている。統計物理学や数理生物学で現れる確率モデルでは，物理的な現象や実験的観測結果を数理的に記述する過程において不確実性を考慮し，さまざまな現象を説明するための描写をより精緻化することを目指している。一方，統計学やデータサイエンスの文脈で出現する確率モデルは，データ分析技術における数理的な仮定や確率分布関数そのものを表すことが多い。社会科学や工学の領域では，あらかじめモデルの抽象度を規定したうえで，人工物としてのシステムやそれによって派生する複雑な現象をモデルによって表現し，モデルの制御や評価を通じて現実に役立つ知見を導くことが目的となる。

　昨今注目を集めている，ビッグデータ解析や人工知能開発の核となる機械学習の分野においても，確率モデルの重要性は十分に認識されていることは周知の通りである。一見して，機械学習技術は，深層学習，強化学習，サポートベクターマシンといったアルゴリズムの違いに基づいた縦串の分類と，自然言語処理，音声・画像認識，ロボット制御などの応用領域の違いによる横串の分類によって特徴づけられる。しかしながら，現実の問題を「モデリング」するためには経験とセンスが必要であるため，既存の手法やアルゴリズムをそのまま

適用するだけでは不十分であることが多い.

　本シリーズでは，情報科学分野で必要とされる確率・統計技法に焦点を当て，個別分野ごとに発展してきた確率モデルに関する理論的成果をオムニバス形式で俯瞰することを目指す．各分野固有の理論的な背景を深く理解しながらも，理論展開の主役はあくまでモデリングとアルゴリズムであり，確率論，統計学，最適化理論，学習理論がコア技術に相当する．このように「確率モデル」にスポットライトを当てながら，情報科学の広範な領域を深く概観するシリーズは多く見当たらず，データサイエンス，情報工学，オペレーションズ・リサーチなどの各領域に点在していた成果をモデリングの観点からあらためて整理した内容となっている．

　本シリーズを構成する各書目は，おのおのの分野の第一線で活躍する研究者に執筆をお願いしており，初学者を対象とした教科書というよりも，各分野の体系を網羅的に著した専門書の色彩が強い．よって，基本的な数理的技法をマスターしたうえで，各分野における研究の最先端に上り詰めようとする意欲のある研究者や大学院生を読者として想定している．本シリーズの中に，読者の皆さんのアイデアやイマジネーションを掻き立てるような座右の書が含まれていたならば，編者にとっては存外の喜びである．

2018 年 11 月

編集委員長　土肥　正

まえがき

　情報科学において，データの入出力関係やノイズそのものに対して確率モデルを考えることは，いまや常識となって久しい．さらに，深層学習の発展により，なぜ深層学習がうまく機能するのかという理論的解析やそのアルゴリズムの改良に際してもいまでは確率・統計的な考察は必要不可欠なものとなっている．

　ところで，確率モデルを考えるうえで，これまで考えられてきたものはおもに指数型分布族が中心であった．しかし，自然言語処理で前処理として重要な役割を持っている word2vec の高速化のために登場してきた negative sampling の手法では，負例の登場確率が小さなものでもある程度選ばれやすくするために，その確率をべき乗[†1]した後，規格化して得られるエスコート分布を用いることで，さらなる性能の向上が図られている．さらに，通常 generative adversarial network（GAN）の学習は不安定[†2]になりやすいが，安定した学習が可能な Wasserstein GAN[†3]が提案されたことにより，指数型分布族のみならず非指数型分布族[†4]も容易に考察することができるようになってきた．このような状況のなか，確率モデルとしてニューラルネットワークを考えるとき，確率・統計の取扱いについてある程度深く知っておくことが重要になってきている．特に，海外の研究者の書く関連分野の論文等では，測度論的確率論に基づく記述も非常に多い．一方，国内に目を向ければ，むしろ避けられているようでさえある．このような状況を少しでも改善し，さらに確率モデルを記述し，そのモデルについて考

[†1] 通常，0 と 1 の間の数が選ばれる．例えば，0.75 が選ばれたりする．詳細について興味のある読者は，例えば，巻末の文献[17]の pp.154–158 を読まれるとよい．
[†2] いわゆる，勾配消失問題である．
[†3] 特徴は，Jensen-Shannon ダイバージェンスを Wasserstein 距離で置き換えるところである．この Wasserstein 距離は，earth mover's distance と呼ばれることもある．
[†4] Wasserstein 幾何学では，非指数型分布族である q-正規分布族を導出することも可能である．本書では，それとは異なる方法で q-正規分布族を導出する．

察することを容易にするためには，どこかで一度必要な範囲で測度論的確率論に触れる必要がある．そこで本書では，測度論的確率論を，Radon-Nikodým の定理の証明を理解することを目標に紹介することにした．この Radon-Nikodým の定理は，確率密度関数が存在することを保証するものとして見ることもできるが，現代では条件付き確率の存在を保証する定理として，より重要性を増している．他書を参照することなく，本書のみで理解できるように丁寧な式変形と解説を心掛けたが，うまくいっただろうか．

さらに，パラメトリックな確率モデルを考えるときに必要になる母数（分布を特徴付けるパラメータ）の推定に関して必要となる十分統計量の説明も行った．この部分は，文献[18] の pp.1–7 に基づいているが，定義や定理等の書き方および証明については，文献[19] の pp.111–120 を参考にしている．しかし，どちらも初めて数理統計学に接する者には読みにくいため，より証明を詳細に記述することで，できるだけ行間を読まなくても済むように配慮した．

さて，確率モデルを考えるうえで，まず必要になることは確率分布についての知識である．指数型分布族に関しては，甘利 俊一 氏により整理され発展してきた指数型分布族に対する情報幾何学が，その後，多くの研究者によりいまも活発に研究されている．この情報幾何学を用いることで，推定量の有効性や em アルゴリズム，ターボ符号，Boltzmann machine やニューラルネットワークの情報幾何学など多くの展開がなされている．そこで重要な役割を演じるのは拡張された一般化 Pythagoras の定理である．この定理の威力により，さまざまな問題が幾何学的に理解できるようになり，直感的な理解が可能となっている．すなわち，e-射影と m-射影による交互正射影である．

一方で，非指数型分布族については，いまだ定番となった幾何学は存在していない．そこで本書では，測度空間に特別な平行移動を導入することでアファイン空間を構成し，そのうえで幾何学を展開することにより指数型分布族と非指数型分布族を同時に取り扱うことができるような枠組みを提供することで，確率分布族についての普遍的な性質をとらえるための舞台を紹介することにした．この型の情報幾何学を甘利らの情報幾何学と区別するために τ-情報幾何学

と呼んでいるが，読者が甘利らの情報幾何学に関する書籍であると勘違いすることを恐れたため，本書のタイトルは"エントロピーの幾何学†"とした。本書で紹介するτ-情報幾何学は，甘利らの情報幾何学とは，$\tau=1$のときに$\alpha=1$，$\tau=0$のときに$\alpha=-1$に対応している。しかし，パラメータτとαとでは，その役割がまったく異なることに注意する必要がある。パラメータτは確率分布族を決定し，さらにエントロピーやダイバージェンスも決定してしまう。これに対してパラメータαは双対接続を表現するために導入され，α-ダイバージェンスのパラメータαとは無関係に設定することができる。最近では，甘利らの情報幾何学は，江口 真透 氏により提案されたものであるが，まず凸関数を一つ与え，それに基づいてダイバージェンスを構成し，このダイバージェンスからさまざまな幾何学的量を導出していくスタイルが主流である。

　最後に，本書の測度論的確率論の部分と十分統計量の部分を丁寧に読み貴重なコメントをお寄せいただいた福岡大学の天羽 隆史 氏に感謝いたします。もし，その部分に誤り等があればもちろん筆者の責任であることはいうまでもないことである。また，本書の執筆を勧めていただいた広島大学の栗田 多喜夫 氏に感謝いたします。最後に，コロナ社には，筆者の遅筆にも関わらず辛抱強く待っていただいたことに感謝いたします。

2019 年 3 月

田中　勝

---

† 甘利らの情報幾何学では，エントロピーはポテンシャル関数と呼ばれるキュミュラント母関数の双対ポテンシャルと異符号の関係にあり，指数型分布族の幾何学を特徴付ける量になっている。一方，τ-情報幾何学でのエントロピーは，べき型に拡張された一般化エントロピーになっており，そのままでは双対ポテンシャルとしての役割を持つことはできず，共形変換を施した後に双対ポテンシャルとしての役割を持つことが可能となる。べき型に拡張された一般化エントロピーをある拘束条件のもとで最大にする確率分布として指数型分布族をべき型に拡張した確率分布族が得られる。この確率分布族は，もちろん非指数型分布族になっている。

目次

第1章 本書の構成 — 1

第2章 測度と確率

2.1 可測空間と測度空間 ………………………………… 5
2.2 用語の一般的な定義 ………………………………… 11
2.3 Riesz の表現定理 …………………………………… 16
2.4 Radon-Nikodým の定理 …………………………… 22
    2.4.1 Lebesgue の分解定理の証明　32
    2.4.2 Radon-Nikodým の定理の証明　34
2.5 確率測度 ……………………………………………… 36
2.6 Dirac 測度と離散確率 ……………………………… 37

第3章 τ-アファイン空間

3.1 τ-関数 ………………………………………………… 41
3.2 τ-アファイン構造 …………………………………… 45
    3.2.1 アファイン空間　45
    3.2.2 平行移動　47
    3.2.3 測度空間　48
    3.2.4 十分統計量　51
3.3 アファイン座標系と τ-アファイン共役 …………… 60
    3.3.1 τ-対数尤度　60
    3.3.2 スコア関数　66

3.3.3 τ-アファイン共役　68

第4章　経路順序確率　　81

第5章　縮約と計量

5.1　縮　　　約 …………………………………………… 84
5.2　計　　　量 …………………………………………… 85
5.3　Koszul 接続と双対接続 ……………………………… 93
5.4　接空間 $T_{\tilde{p}}\mathcal{R}_\Omega$ の直交分解 ………………………… 99
5.5　Cramér-Rao の不等式 ………………………………… 103

第6章　くり込みとエントロピー

6.1　素朴なエントロピー（発散）………………………… 113
6.2　く　り　込　み ………………………………………… 115
6.3　エントロピー（有限）………………………………… 117
6.4　縮約と期待値 ………………………………………… 121
6.5　Havrda-Charvát エントロピーと Rényi エントロピー ………… 123
6.6　ダイバージェンス …………………………………… 125

第7章　τ-情報幾何学における q-正規分布

7.1　q-正　規　分　布 …………………………………… 139
7.2　q-正規分布の Bayes 表現 …………………………… 147

第8章 τ-アファイン構造の多重性

8.1 τ-変換 ……………………………………………………… 152
8.2 q-正規分布の τ-変換 ………………………………………… 154

第9章 非加法的エントロピー

9.1 恒等式と非加法性 …………………………………………… 160
9.2 べき型分布と相互情報量 …………………………………… 163

第10章 加法的エントロピーへの変換

10.1 加法性の回復 ……………………………………………… 172
10.2 スケール座標の役割 ……………………………………… 176

第11章 ホログラフィー原理

11.1 計量とホログラフィー原理 ……………………………… 179
11.2 加法・非加法変換 ………………………………………… 183

第12章 τ-平均 ………………………………………………… 186

引用・参考文献 …………………………………………………… 191
索　　引 …………………………………………………………… 193

1 本書の構成

ここに，本書の構成を示す．何を学んでいるのか不安になったときは，もう一度ここを読んで確認してほしい．

第2章では，測度論的確率論の基本的事項を von Neumann による Radon-Nikodým の定理の証明[8][†1]を理解することを目標にして紹介した．まずは，さいころの例を用いて基本的用語のイメージを具体的にとらえ，その後，より抽象的で一般的な解説へ進むことにした．そこでは積分の定義も非負単関数による下からの近似の極限として与えられる．これは，Lebesgue 積分への第一歩である[†2]．

第3章では，測度空間に Radon-Nikodým の定理を用いることで，ある種の平行移動を導入する．これにより測度空間は一つのパラメータによって決定されるアファイン構造，すなわち τ-アファイン構造を持つことになる．この構造に基づいて，非指数型分布族を指数型分布族と同様に取り扱うことができる舞台が自然に導入されることになる．しかし，この τ-アファイン構造は平行移動により測度の大きさを保存しない．そこで，そのことを積極的にとらえて測度の大きさ方向の次元を一つ追加して考えることにし，スケール変換も同時に考えることにした．このようにして導入された非指数型分布族の取扱いは，十分統計量の拡張として見ることもできる．また，確率変数の空間を r 次の多項式空間にとることで，r 次元の自然座標系が導入される．これは確率分布族の r-

---

[†1] 肩付き数字は巻末の引用・参考文献を表す．
[†2] この定義を Lebesgue 積分の定義だと思っていてもユーザとしては特に困ることはない．

ジェット空間を考えていることに対応している．また，τ-対数尤度を自然座標で微分して得られるスコア関数の型を見ると，$\tau = s$ と $\tau = 1 - s$ を組みにして取り扱うと便利なことがすぐにわかる．そこで，$Body$ と $Soul$ が導入される．

第4章では，τ-アファイン構造は平行移動により，測度の大きさを保存しないので，そのことも考慮し平行移動の仕方に応じて座標がどのように更新されるのかを示した．つまり，始点から終点に至る経路順序により座標の更新の仕方が決まっており，それがどのような規則に従っているのかを具体的に示す．

第5章では，$Body$ 世界の量と $Soul$ 世界の量を組み合わせることで現実世界（$Real$）の量を構成する縮約という操作を定義する．これにより，まずは Fisher 計量を導く．その結果，不定計量になっていることがわかる．この計量から得られるアファイン双対接続は，Koszul 接続になっていることも確かめられる．このような計量を用いた応用例として，Cramér-Rao の不等式の証明を与えることにした．

第6章では，くり込み[†]を用いてエントロピーを定義する．このエントロピーは非加法性を持っているが，べき型の対数関数の性質として2種類の恒等式が成り立つために優加法性になる場合と劣加法性になる場合が起こり得る．共形エントロピーとの相性がよいのは，劣加法性のほうであるため，本書では劣加法性の場合を考えていく．このことについては，第9章で詳しく見ていくことになる．また，ここで定義されたエントロピーと Boltzmann-Shannon エントロピー，Rényi エントロピー[11]，Havrda-Charvát エントロピー（Tsallis エントロピー[10]と呼ばれることもある）との関係についても明確にされる．この後，ダイバージェンスを，平行移動後に得られる測度を平行移動量で一次近似した際の誤差として定義する．この定義は Bregman ダイバージェンスにもなっている．ここで定義されるダイバージェンスの双対ダイバージェンスも定義されるが，これらは甘利らの情報幾何学での α-ダイバージェンスと類似の性質を

[†] 発散項をあらかじめ取り除いておくことで，意味のある有限値を得る手段である．現在では，K.G. Wilson によりくり込み群（renormalization group）として体系化されている．

持っている.そのため,一般化 Pythagoras の定理[1]~[7] も成立することを確認することができる.このことにより,応用に関しては τ-情報幾何学は甘利らの情報幾何学と同様な扱いができることになる.

第7章と第8章では,具体例としておもに q-正規分布について考えていく.まず,第7章で q-正規分布について紹介した後,第8章で,一般的な状況での τ-変換について考察した後,q-正規分布に関する τ-変換[12] について議論する.これにより,いわゆるエスコート分布が分散をスケール変換した別の q-正規分布になっていることが示される.つまり,確率分布からエスコート分布を生成し,それを用いて期待値をとることは,別の確率分布を用いて期待値をとることに対応しているのである.その際,q-正規分布の場合では,$q > 1$ のときには,より裾が軽い確率分布に変換されることになり,$q < 1$ のときには,より裾が重い確率分布に変換されることになることがわかる.また,正規分布は τ-変換のもとで不変な確率分布になっている.このような τ-変換は,τ-アフィン構造の立場から見れば,エスコート分布を考えるということが,τ の値を取り替えるということに相当している.つまり,測度空間の平行移動の仕方を取り替えることに相当しているのである.

第9章では,べき型の対数関数の性質として2種類の恒等式が成り立つことを示す.それに基づき,独立な確率変数 X と Y の同時確率分布とそれぞれの周辺分布を用いてエントロピーを表すと,優加法性になる場合と劣加法性になる場合が起こることを具体的に示す.第10章で重要な役割を演じることになる共形エントロピーとの相性がよいのは,劣加法性のほうである.また,相互情報量を具体的に計算することにより,ここでのエントロピーの非加法性が,確率変数の独立性と両立することも示される.非加法的エントロピーは,独立な確率変数に対して加法性を満たさないため,独立性の概念を拡張したものであると考える立場もあるが,本書では独立性の概念は不変なままであり,第3章で説明した十分統計量の概念を拡張したものとして,このことをとらえることにしている.

第10章では,劣加法性を持つエントロピーをスケール変換の自由度を用いることで加法的エントロピーに変換することを考える.ここで重要な役割を持つ

のはエントロピーそのものというよりは，共形エントロピーである．確率分布のスケール変換のもとで，この共形エントロピーがどのように振る舞うのかを調べることにより，また，どのようなスケール変換を行えば加法的（共形）エントロピーにできるのかを考えることにより，非加法性を加法性に変換できる．

第11章では，（共形）エントロピーの非加法性を加法性に変換するために利用されたスケール変換を表すパラメータを一つの座標とみなすことにより，ホログラフィー原理[23]の一つの例として考える．このとき，計量は不定計量になっているが，これまで知られているような de Sitter 空間の計量とも Anti-de Sitter 空間の計量とも異なっていることが示される．また，ホログラフィー原理の例として非可換な演算子†に対してスケール変換のパラメータ（これを Trotter 座標と呼ぶ）を導入することで可換な演算子としてみなすことができるようにする鈴木-Trotter 変換を紹介する．また，ここでの q-積に対しても，べき型に拡張された指数関数に対して，鈴木-Trotter 変換と同様の方法により通常の指数関数の積とみなすことができることも示す．このように，1次元だけ追加することで，状況が単純化し取扱いが容易になることを，ここではホログラフィー原理と呼んでいる．数学的には余次元1といってもよいようなものである．

第12章では，一般化平均である τ-平均について考えることで，τ-情報幾何学におけるパラメータ τ の値を決定する可能性について述べる．この τ-平均は，Cooper による一般化平均[13]と Hardy-Littlewood-Pólya により提案され Lin と Itô-Nara 等により発展させられた一般化平均の両方の性質を持っている[14]~[16]．もし，得られたデータに対して（経験上）どのような平均を使えばよいのかがわかっている場合には，τ-平均に含まれる二つのパラメータ m と τ の値を決定することができる．これにより，τ-情報幾何学に含まれるアファイン構造を決定するパラメータ τ の値が決まり，それに伴いデータの分布を特徴付ける確率分布族が決まることになる．

---

† ここでの演算子は，$e^X = \sum_{k=0}^{\infty} \frac{1}{k!} X^k$ のようにべき級数で定義される指数型の演算子を対象としている．

2 測度と確率

機械学習や深層学習の分野では，さまざまな場面で確率が登場する。その際，離散的な確率を扱う場合と連続的な確率を扱う場合が混在することも多い。このような場合には，確率変数が離散的な場合の確率を扱っているのか連続的な確率を扱っているのかに注意を払いつつ考えていく必要がある。ところが，測度論的確率論をほんの少し我慢して学んでみれば，離散の場合と連続の場合を統一的な枠組みで取り扱うことができるようになる。今後，人工知能などの分野も含め，ますます確率を取り扱う必要性は増していくことだろう。

そこで，この章では，測度論的確率論に関する基本的事項を説明する。しかし，すべてを取り上げるわけではなく，後の章で必要になる Radon-Nikodým の定理の紹介とその証明を与えることを目的として進めていくことにする。したがって，そのほかのことに関しては重要であっても省略しているので，興味のある方は他書を参照してもらいたい。

まず，さいころの例を用いて，後の章で必要になる用語を登場させた後，一般的な場合についてまとめる。ここで登場する用語は，試行，事象，根元事象，全事象，空事象，σ-加法族，可測関数，確率変数，可測空間，測度，測度空間，Borel σ-加法族，Lebesgue 測度などである。

2.1 可測空間と測度空間

ここでは，1個のさいころを1回だけ投げるという単純な問題を少々厳密に考えることにより，後の章で必要になる用語と概念の導入を，冗長ではあるもの

のできるだけ具体的に書き下すことで行う。その後，一般的な場合に拡張する。

まず，**可測空間**（measurable space）と**測度空間**（measure space）という用語を説明するための準備を行う。さいころを投げることを**試行**（trial）という。この試行の結果，起き得ること（観測して得られるもの）を**事象**（event）と呼ぶ。さいころのすべての目の集合を**全事象**（sure event）と呼び，それは

$$\Omega = \left\{ \boxed{\cdot}, \boxed{\cdot\cdot}, \boxed{\cdot\cdot\cdot}, \boxed{::}, \boxed{:\cdot:}, \boxed{:::} \right\} \tag{2.1}$$

である。この全事象 Ω の要素を左から順に $\omega_1, \omega_2, \omega_3, \omega_4, \omega_5, \omega_6$ と表すことにする。さいころの目一つだけからなる部分集合を**根元事象**（elementary event）と呼び $\{\omega_i\}$ で表す。ただし，$i = 1, 2, 3, 4, 5, 6$ である。つまり

$$\begin{aligned} \{\omega_1\} &= \left\{ \boxed{\cdot} \right\}, \ \{\omega_2\} = \left\{ \boxed{\cdot\cdot} \right\}, \ \{\omega_3\} = \left\{ \boxed{\cdot\cdot\cdot} \right\} \\ \{\omega_4\} &= \left\{ \boxed{::} \right\}, \ \{\omega_5\} = \left\{ \boxed{:\cdot:} \right\}, \ \{\omega_6\} = \left\{ \boxed{:::} \right\} \end{aligned} \tag{2.2}$$

である。

しかし，各さいころの目 ω_i はさいころの目の絵柄の一つを表しており数値（実数値）ではない。後で**確率測度**（probability measure）を定義するが，そのためには各さいころの目 ω_i を実数値に変換する必要がある。その変換を行う写像を**確率変数**（random variable）と呼ぶ。これは，**可測関数**（measurable function）の一種であるが，いまのさいころの場合につぎのように定義される[†]。

$$X : \Omega \to \mathbb{R} : \omega_i \mapsto i \tag{2.3}$$

すなわち

$$\begin{aligned} X\left(\boxed{\cdot}\right) &= X(\omega_1) = 1, \ X\left(\boxed{\cdot\cdot}\right) = X(\omega_2) = 2 \\ X\left(\boxed{\cdot\cdot\cdot}\right) &= X(\omega_3) = 3, \ X\left(\boxed{::}\right) = X(\omega_4) = 4 \\ X\left(\boxed{:\cdot:}\right) &= X(\omega_5) = 5, \ X\left(\boxed{:::}\right) = X(\omega_6) = 6 \end{aligned} \tag{2.4}$$

[†] 一般に，集合と集合の間の対応関係を表すために $\to$ を使い，要素と要素との間の対応関係を示すために $\mapsto$ を使う。

である．さいころの場合では，普段，無意識のうちにこの対応関係を利用していると考えれば，すでに確率変数について考えていたことになる．

また，事象とは，根元事象から作られる全事象 Ω の部分集合[†1]のことである．例えば

$$\emptyset, \;\{\boxdot\}, \;\{\boxdot, \boxdot\}, \;\{\boxdot, \boxdot, \boxdot\}, \;\Omega \tag{2.5}$$

などは，全事象 Ω の部分集合なので事象ということになる．より複雑な全事象 Ω を考えるときには，この部分集合の族を上手に作ることで確率を考えていこうというのが測度論的確率を考えるときのポイントになっており，考えなしに作ってしまうと訳がわからない事態[†2]に陥ってしまう．それを避けるために考え出されたのが，**σ-加法族**（σ-algebra）$\mathcal{F}$ である．この σ は，たかだか可算回の試行により観測できるものを考えるという強い気持ちを表している．確率は，この σ-加法族 $\mathcal{F}$ の要素（Ω の部分集合，すなわち事象）について与えられる．いわゆる場合の数に基づく確率を考える場合[†3]には，全事象 Ω が有限個の要素から構成されているとき，事象 E の確率は

$$\frac{|E|}{|\Omega|} = \frac{\text{事象 } E \text{ の要素の個数}}{\text{事象 } \Omega \text{ の要素の個数}} \tag{2.6}$$

で与えられる．確率は，このように全事象 Ω が有限集合（離散有限集合）であれば，事象との要素の個数の比でまったく問題なく定義される．しかし，全事象 Ω が連続集合の場合には，このような確率の定義は破綻することになる．なぜなら，$\ell < L$ のとき，長さが ℓ の短い線分 I_1 と長さが L の長い線分 I_2（$\supset I_1$）について，$\Omega = I_2$ とし $E = I_1$ とすれば，二つの線分に含まれる点の"個数"はどちらも同じであるため，式 (2.6) のような比による確率の定義では，長さと無関係につねに 1 になってしまう．ところが，長さの比は，明らかに 1 には

[†1] もちろん，空集合 $\emptyset$ も Ω の部分集合であり，**空事象**（null event）と呼ばれている．
[†2] このことに興味のある読者は，例えば，文献20)の付録の§6を読まれるとよい．そこでは具体的に奇妙な例を構成している．また，それと合わせて文献21)も読まれると基本的なことはすべて身に付けることができる．
[†3] 各根元事象が等確率（同じ頻度）$1/|\Omega|$ で起こると考えれば頻度確率と思ってもよい．頻度確率は，根元事象ごとに，その頻度に応じて確率を割り当てたものである．

なっていないので,これを利用して確率を定義しようとするのが,測度論的確率である。**測度**(measure)とは,長さや面積や体積を表している。

さて,σ-加法族 $\mathcal{F}$ とは,全事象 Ω を含み,補集合および可算回[†]の和集合をとる操作のもとで閉じているような全事象 Ω の部分集合の族 $\mathcal{F}$ である。すなわち,以下の三つの性質を満たすような全事象 Ω の部分集合の族 $\mathcal{F}$ を σ-加法族という。

$$\left. \begin{array}{ll} (\text{i}) & \Omega \in \mathcal{F} \\ (\text{ii}) & {}^\forall E \in \mathcal{F} \text{ に対して},E^c \in \mathcal{F} \\ (\text{iii}) & \text{すべての } n=1,2,\cdots, \text{ に対して } E_n \in \mathcal{F} \text{ ならば } \bigcup_{n=1}^{\infty} E_n \in \mathcal{F} \end{array} \right\} \quad (2.7)$$

そして,全事象 Ω と σ-加法族 $\mathcal{F}$ の組 $(\Omega, \mathcal{F})$ を可測空間と呼ぶ。

定理 2.1(σ-加法族の積集合) σ-加法族の積集合は,σ-加法族である。

【証明】 添字集合を Λ とし,$\alpha \in \Lambda$ で指定される $\mathcal{F}_\alpha$ を σ-加法族とする。このとき,$\mathcal{F} = \bigcap_{\alpha \in \Lambda} \mathcal{F}_\alpha$ が式 (2.7) の (i), (ii), (iii) を満たすことを確かめればよい。

(i) については,σ-加法族の定義よりすべての $\alpha \in \Lambda$ に対して $\Omega \in \mathcal{F}_\alpha$ なので,$\Omega \in \mathcal{F}$ となる。

(ii) については,$E \in \mathcal{F}$ のとき,すべての $\alpha \in \Lambda$ に対して $E \in \mathcal{F}_\alpha$ であり,$\mathcal{F}_\alpha$ が σ-加法族であることから,$E^c \in \mathcal{F}_\alpha$ が得られる。したがって,$E^c \in \mathcal{F}$ となる。

(iii) については,$k=1,2,\cdots$ に対して $E_k \in \mathcal{F}$ のとき,すべての α と k に対して $E_k \in \mathcal{F}_\alpha$ なので,$\bigcup_{k=1}^{\infty} E_k \in \mathcal{F}_\alpha$ となり,$\bigcup_{k=1}^{\infty} E_k \in \mathcal{F}$ が得られる。 ◇

この定理により,複数個のさいころを投げる場合や,さいころを複数回投げる場合にも対応できるようになる。

全事象 Ω の部分集合の族 $\mathcal{A}$ を

$$\mathcal{A} = \{\{\omega_1\}, \{\omega_2\}, \{\omega_3\}, \{\omega_4\}, \{\omega_5\}, \{\omega_6\}\}$$

[†] 可算回であれば,無限回でもよい。

$$= \left\{ \{⚀\}, \{⚁\}, \{⚂\}, \{⚃\}, \{⚄\}, \{⚅\} \right\} \tag{2.8}$$

とする．$\mathcal{A}$ を含む任意の σ-加法族を $\mathcal{F}$ と表すとき

$$\sigma(\mathcal{A}) = \bigcap \{\mathcal{F} | \mathcal{F} \text{ は } \mathcal{A} \subset \mathcal{F} \text{ であるような } \sigma\text{-加法族}\} \tag{2.9}$$

は，$\mathcal{A}$ を含む最小の σ-加法族となり，$\mathcal{A}$ から生成された σ-加法族と呼ばれる．

一般に，より複雑な全事象 Ω の部分集合族 $\mathcal{A}$ に対して，式 (2.9) と同様の式で与えられる $\sigma(\mathcal{A})$ は，$\mathcal{A}$ から生成された σ-加法族と呼ばれる．式 (2.1) と式 (2.8) で与えられる $\mathcal{A}$ の場合には $\sigma(\mathcal{A}) = 2^\Omega$ （Ω のすべての部分集合からなる集合族のことであり，べき集合と呼ばれている）となるが，より複雑な全事象 Ω を扱う場合には，$\mathcal{A} = \{\{\omega\} | \omega \in \Omega\}$ とおいても $\sigma(\mathcal{A}) = 2^\Omega$ が成り立つとは限らないので注意が必要である．

例えば，1 個のさいころを 1 回投げたときに出る目が何になるのかに興味があれば，式 (2.8) のように $\mathcal{A}$ を選べばよい．このとき，1 の目が出る状況

$$\{\omega_1\} = \left\{⚀\right\} \tag{2.10}$$

を考えるときには，合わせて 1 の目が出ない状況

$$\{\omega_1\}^c = \left\{⚁, ⚂, ⚃, ⚄, ⚅\right\} \tag{2.11}$$

についても考えるということを (ii) は意味している．また，$\mathcal{A}$ を

$$\mathcal{A} = \{\{\omega_2\} \cup \{\omega_4\} \cup \{\omega_6\}\} = \left\{\left\{⚁, ⚃, ⚅\right\}\right\} \tag{2.12}$$

のように選ぶと，1 個のさいころを 1 回投げたとき偶数の目が出るかどうかに興味があるということになる．このときには，もちろん，偶数の目が出ない状況，つまり奇数の目が出る状況 $\left\{\left\{⚀, ⚂, ⚄\right\}\right\}$ も $\sigma(\mathcal{A})$ に含まれている．要するに，$\mathcal{A}$ から生成される σ-加法族 $\sigma(\mathcal{A})$ は

$$\sigma(\mathcal{A}) = \left\{\emptyset, \left\{⚁, ⚃, ⚅\right\}, \left\{⚀, ⚂, ⚄\right\}, \Omega\right\} \tag{2.13}$$

のようになっている．このような $\mathcal{A}$ を含む σ-加法族は複数存在するが，そのなかで最小のサイズのものを $\mathcal{A}$ により生成された σ-加法族と呼ぶのである．

このとき，Ω と σ-加法族 $\sigma(\mathcal{A})$ の組 $(\Omega, \sigma(\mathcal{A}))$ も可測空間である．そして，この可測空間上に確率測度が定義されることになる．

さいころが n 個の場合の全事象 Ω^n（この書き方は，n 次元の実数空間を $\mathbb{R}^n$ と表すのと同じである）は，つぎのような根元事象の和集合として与えられる．

$$\{\omega_1\} = \left\{\left(\boxed{\cdot}, \cdots, \boxed{\cdot}\right)\right\}, \{\omega_2\} = \left\{\left(\boxed{\cdot}, \cdots, \boxed{\therefore}\right)\right\},$$
$$\{\omega_3\} = \left\{\left(\boxed{\cdot}, \cdots, \boxed{\because}\right)\right\}, \{\omega_4\} = \left\{\left(\boxed{\cdot}, \cdots, \boxed{::}\right)\right\},$$
$$\cdots$$
$$\{\omega_{6^n-1}\} = \left\{\left(\boxed{::}, \cdots, \boxed{:\cdot:}\right)\right\}, \{\omega_{6^n}\} = \left\{\left(\boxed{::}, \cdots, \boxed{::}\right)\right\} \tag{2.14}$$

したがって，このときの可測空間は $(\Omega^n, \mathcal{F})$ であり，通常は $\mathcal{F}$ として最大の σ-加法族である 2^{Ω^n} が選ばれる．

測度は，σ-加法族の要素（集合），つまりここでは事象について定義されるものである．一般には無限大になる場合も含めて定義されるが，ここでは有限の場合のみ必要なので非負の有限測度について，その定義を与えることにする．

測度とは，以下の二つの性質を持つ非負の有限の値をとる写像

$$\mu : \mathcal{F} \to [0, \infty) \tag{2.15}$$

のことである．

(i) 任意の $E \in \mathcal{F}$ に対して，$0 \leq \mu(E) < \infty$
(ii) $E_1, E_2, \cdots \in \mathcal{F}$ がたがいに素ならば，$\mu\left(\bigcup_{n=1}^{\infty} E_n\right) = \sum_{n=1}^{\infty} \mu(E_n)$
$\tag{2.16}$

この (ii) の性質を **σ-加法性**（σ-additivity）または**完全加法性**（completely additivity）という．ここで，"たがいに素"とは，たがいに共通要素を持たないということを意味している．つまり，任意の二つの集合 E_i と E_j に対して

$$i \neq j \text{ ならば } E_i \cap E_j = \emptyset \tag{2.17}$$

が成り立つことである。

特に，事象が連続値をとる場合でも離散値をとる場合でも，測度に対して同じ定義を与えることができるということに注意してもらいたい。ここでの測度は全体集合に対する値が1ではなく，有限であればいいので確率とは限らないが，後で定義するように全体集合の測度が有限の場合には，その値で割ることで確率測度にすることができる。

さいころのように事象が離散値をとる場合の正確な測度の取扱いは後で与えるが，ここでは素朴に考えることで対応する。つまり，全事象 Ω に対する確率（測度）は

$$\mu\bigl(\{⚀, ⚁, ⚂, ⚃, ⚄, ⚅\}\bigr) = 1 \tag{2.18}$$

であり，さいころの各目の出る確率が等しければ，根元事象 $\{\omega_i\}, i = 1, 2, \cdots, 6$ の確率（測度）は，$\mu(\{\omega_i\}) = 1/6$ である。また，偶数の目が出る確率（測度）は，$\{⚁\}, \{⚃\}, \{⚅\}$ がたがいに素なので

$$\begin{aligned}
&\mu\bigl(\{⚁, ⚃, ⚅\}\bigr) \\
&= \mu\bigl(\{⚁\} \cup \{⚃\} \cup \{⚅\}\bigr) \\
&= \mu\bigl(\{⚁\}\bigr) + \mu\bigl(\{⚃\}\bigr) + \mu\bigl(\{⚅\}\bigr) = \frac{1}{2}
\end{aligned} \tag{2.19}$$

で与えられる。

2.2 用語の一般的な定義

これまで，さいころを用いて測度論的確率論の用語を導入してきたが，これを一般的な状況でもう一度説明する。これにより，さいころの例がヒントとなり一般の場合についても直感が働くようになるだろう。さらに，**Lebesgue 測度** (Lebesgue measure) についても $\mathbb{R}$ の場合についてまとめておくことにする。

まず，全体集合を S とする。これは確率を意識した場合には全事象 Ω と表されていたものである。σ-加法族 $\mathcal{F}$ は

定義 2.1（σ-加法族） S 上の σ-加法族 $\mathcal{F}$ とは，以下の三つの性質を満たすような全体集合 S の部分集合の族 $\mathcal{F}$ のことである。
 (i) $S \in \mathcal{F}$
 (ii) $^\forall E \in \mathcal{F}$ に対して, $E^c \in \mathcal{F}$
 (iii) すべての $n = 1, 2, \cdots$, に対して $E_n \in \mathcal{F}$ ならば $\bigcup_{n=1}^{\infty} E_n \in \mathcal{F}$

のように定義される。このとき可測空間は，全体集合 S と S 上の σ-加法族 $\mathcal{F}$ の組として $(S, \mathcal{F})$ で与えられる。

ここで，σ-加法族と開集合系の定義を比較してみると面白い。

定義 2.2（開集合系） 開集合系 $\mathcal{O}$ とは，集合（空間）X の部分集合系（族）であり，以下の性質を満たすものである。
 (i) $\emptyset \in \mathcal{O}$ かつ $X \in \mathcal{O}$
 (ii) $^\forall O_1, O_2 \in \mathcal{O}$ に対して, $O_1 \cap O_2 \in \mathcal{O}$
 (iii) すべての $n = 1, 2, \cdots$, に対して $O_n \in \mathcal{O}$ ならば $\bigcup_{n=1}^{\infty} O_n \in \mathcal{O}$

このとき，空間 X と開集合系 $\mathcal{O}$ の組 $(X, \mathcal{O})$ で位相空間は定義される。空間 X を固定しても，開集合系 $\mathcal{O}$ の与え方により，さまざまな位相空間を考えることができる。この発想が可測空間の定義に活かされている。このとき，開集合系 $\mathcal{O}$ から生成される X 上の σ-加法族を特に $\mathcal{B}(X)$ で表し，X 上の Borel σ-加法族と呼ぶ。"Borel"（人名）という言葉が，位相空間 $(X, \mathcal{O})$ を自然に可測空間 $(X, \mathcal{B}(X))$ とみなしていることを表している。特に，$X = \mathbb{R}$ のとき，X 上の σ-加法族として，以下ではつねに $\mathcal{B}(\mathbb{R})$ を考えることにする。この $\mathcal{B}(\mathbb{R})$ を $\mathcal{B}$ のように略記することもある。

さて，二つの可測空間 $(S, \mathcal{F})$ と $(T, \mathcal{G})$ が与えられたとき，可測関数 f は

定義 2.3（可測関数） 可測関数とは，以下の性質を持つような可測空間 $(S, \mathcal{F})$ から可測空間 $(T, \mathcal{G})$ への写像 $f : S \to T$ のことである．任意の $B \in \mathcal{G}$ に対して，f の逆像（引き戻し）が

$$f^{-1}(B) = \{x \in S | f(x) \in B\} \in \mathcal{F}$$

のような関係を満たす．

で定義され，$\mathcal{F}$-可測関数とも呼ばれる．特に，T が実数空間 $\mathbb{R}$ であるとき，可測関数 $f : S \to \mathbb{R}$ は確率変数と呼ばれ，通常，アルファベットの大文字で X のように表される．測度は，可測空間 $(S, \mathcal{F})$ 上で定義される写像 $\mu : \mathcal{F} \to [0, \infty]$ のことであり

定義 2.4（測度） 可測空間 $(S, \mathcal{F})$ 上で定義される測度 μ とは
（ i ） 任意の $E \in \mathcal{F}$ に対して，$0 \leq \mu(E) \leq \infty$
（ii） $E_1, E_2, \cdots \in \mathcal{F}$ がたがいに素ならば，$\mu\left(\bigcup_{n=1}^{\infty} E_n\right) = \sum_{n=1}^{\infty} \mu(E_n)$
を満たす写像のことであり，無限大になっていても構わない．

のように与えられる．可測空間 $(S, \mathcal{F})$ とその上で定義される測度 μ を合わせて測度空間 $(S, \mathcal{F}, \mu)$ という．可測空間 $(S, \mathcal{F})$ の上には，複数の異なる測度を導入することが可能であることに注意してほしい．

後で利用する重要な測度の性質の一つに，任意の測度の正の定数倍もまた測度になっているという性質がある．これは $k > 0$ として，上の測度の定義で $k\mu$ が測度の条件（ i ）と（ii）を満たしていることを確認することでわかる．この性質により，零でない有限測度の場合には $\mu(S)$ の値が有限かつ零でないので，この値で割ることにより確率測度にすることができる．

実数空間 $\mathbb{R}$ のすべての半開区間[†1] $(a,b] \subset \mathbb{R}$ から生成される最小の σ-加法族は，Borel σ-加法族 $\mathcal{B}(\mathbb{R})$ に等しい。また，Lebesgue 測度とは，Borel σ-加法族 $\mathcal{B}(\mathbb{R})$ 上の測度 μ が

$$\mu((a,b]) = b - a, \quad a \leqq b \tag{2.20}$$

で与えられるものである。このとき，測度空間 $(\mathbb{R}, \mathcal{B}(\mathbb{R}), \mu)$ に，測度 μ に関して 0 を与える任意の零集合 N の任意の部分集合 Z をすべて追加することを**完備化**（completion）といい，完備化された測度空間を $\left(\mathbb{R}, \overline{\mathcal{B}(\mathbb{R})}, \overline{\mu}\right)$ と表し，Lebesgue 測度空間[†2]と呼ぶ。しかし，面倒なので今後は完備化された測度空間も同じ記号を使って $(\mathbb{R}, \mathcal{B}(\mathbb{R}), \mu)$ のように表すことにする。このような完備化の導入は，確率論において測度 0 に注目したい場合に，零集合の部分集合の測度を考えられるようにするためである。

一般の測度空間から Lebesgue 測度空間に移ることができれば，期待値などを計算するときに便利なので，つぎに，確率変数の変数変換についてまとめておく。

確率空間 $(\Omega, \mathcal{F}, P)$ と可測空間 $(\mathcal{X}, \mathcal{A})$ が与えられたとき，Ω 上で定義された可測関数 X を $\mathcal{X}$ に値をとる確率変数 $X : \Omega \to \mathcal{X}$ とする[†3]。このとき，$\mathcal{A}$-可測な任意の可測関数 $g : \mathcal{X} \to \mathbb{R}$ に対して

$$\int_\Omega g(X(\omega)) \cdot P = \int_\mathcal{X} g(x) \cdot P_X \tag{2.21}$$

が成立するように $(\mathcal{X}, \mathcal{A})$ 上の確率測度 P_X を定めることができる（この積分の意味については 2.3 節で説明する）。すなわち，$A \in \mathcal{A}$ のとき

[†1] 開集合は，$\Delta = \dfrac{b-a}{2}$ として

$$(a, b) = \bigcup_{n=1}^{\infty} \left(a, b - \dfrac{\Delta}{n} \right] \in \mathcal{B}(\mathbb{R})$$

のような極限で与えられる。

[†2] 具体的には，$\overline{\mathcal{B}(\mathbb{R})} = \sigma(\{B \cup Z | B \in \mathcal{B}, Z \subset N \in \mathcal{B}, \mu(N) = 0\})$ で与えられる。また，$\overline{\mathcal{B}(\mathbb{R})}$ の要素 $\overline{E}$ は，適当な $E \in \mathcal{B}$ と $Z \subset N \in \mathcal{B}$ となる適当な Z を用いて $\overline{E} = E \cup Z$ と書ける。このとき $\overline{\mu}$ は，$\overline{\mu}(\overline{E}) = \overline{\mu}(E \cup Z) = \mu(E)$ で定義されている。

[†3] 確率変数は実数への写像として考えてきたが，ここでは一般化している。

2.2 用語の一般的な定義

$$P_X(A) = P(X^{-1}(A)) = P(\{\omega \in \Omega | X(\omega) \in A\}) \tag{2.22}$$

である．これを簡単に

$$P_X(A) = P(X \in A) \tag{2.23}$$

のように表す．この確率変数の $g(X)$ から g への変数変換により，多くの確率空間を Lebesgue 測度空間に変換することができる．つまり，$\mathcal{X} = \mathbb{R}$ とし $\mathcal{A} = \mathcal{B}(\mathbb{R})$ とすればよい．また，この確率変数の変数変換を考えることで，確率変数 $g(X)$ の測度 P による期待値を，関数 $g(x)$ と"確率変数 X の確率分布" P_X により計算できるようになる．

ここで，記法について注意しておく．後で **delta 測度**（delta measure）を定義するが，それを用いると全体集合 S が離散のときでも連続のときでも区別せずに同一の記法で表すことができるようになる．ところが，この記法には複数の表現があるため，それをここにまとめておくことにする．

$$\int_S f \cdot \mu = \int_S f(x) \cdot \mu(\mathrm{d}x) = \begin{cases} \displaystyle\int_S f(x)\, p(x)\, \mathrm{d}x\, , & S \text{ が連続のとき} \\ \displaystyle\sum_k f(x_k)\, p_k\, , & S \text{ が離散のとき} \end{cases} \tag{2.24}$$

ただし

$$\mu = \mu(\mathrm{d}x) = \begin{cases} p(x)\,\mathrm{d}x\, , & S \text{ が連続のとき} \\ \displaystyle\sum_k p_k\, \delta_{x_k}(x)\, , & S \text{ が離散のとき} \end{cases} \tag{2.25}$$

である．また

$$\delta_{x_k}(x) = \begin{cases} 1\, , & x = x_k \text{ のとき} \\ 0\, , & x \neq x_k \text{ のとき} \end{cases} \tag{2.26}$$

である．この $\delta_{x_k}(x)$ または同等の Dirac の delta 関数 $\delta(x - x_k)$ を用いることにすれば，確率変数が離散型か連続型かに関わらず式 (2.21) の表示が成り立つので便利である．

2.3 Riesz の表現定理

ここでは，実数体上での Riesz の**表現定理**（representation theorem）を説明する．要するに，この本では，実数しか扱わないので，実数の場合に制限して考えていく．通常は，複素数体上で考えられるものであるので興味のある方は，他の文献を読まれるとよい．また，ここからしばらくは確率測度ではなく，有限値をとる一般の非負測度について考えていく．

さて，この Riesz の表現定理とは，簡単にいえば，ある線形空間 $\mathcal{H}$ の任意の要素を実数に写す線形汎関数は，実は $\mathcal{H}$ の特定の要素との内積として与えられるということを主張している．そのため，舞台となる内積が定義された線形空間として，Hilbert 空間について考える．Hilbert 空間とは，内積 $\langle \cdot | \cdot \rangle$ を持つ**完備**（complete）な距離空間のことである．完備なノルム空間は Banach 空間と呼ばれている．距離がいつでも $\|x - y\| = \sqrt{\langle x-y | x-y \rangle}$ で与えられるわけではないので注意してほしい．具体的な例としては，n 次元実空間 $\mathbb{R}^n$ や m 次元複素空間 $\mathbb{C}^m$ などが最も身近なものである．また，完備とは，考えている空間内の任意の Cauchy 列がその空間内の要素に収束することをいう．この Cauchy 列は，極限値を推定することなく点列の収束性を判定できる便利な道具として知られている．

この後，さらにいくつかの用語を簡単に説明する．まず，$\mathcal{H}$ の**部分空間**（subspace）とは，$\mathcal{H}$ の部分集合で，その任意の二つの要素 x と y に対して，任意の実数 α，β を用いて線形結合 $\alpha x + \beta y$ を作るとき，この線形結合もまた $\mathcal{H}$ の部分集合に属しているような部分集合のことである．つぎに，**閉部分空間**（closed subspace）とは，$\mathcal{H}$ の部分空間であり，部分空間内の任意の Cauchy 列がその部分空間内の要素に収束する，すなわち $\mathcal{H}$ の閉集合になっているような部分空間のことである．

$\mathcal{H}$ の部分集合 $\mathcal{A}$ の任意の要素 a に対して $\langle x | a \rangle = 0$ が成り立つとき，x は $\mathcal{A}$ に**直交**（orthogonal）するという．また，$\mathcal{A}$ に直交するすべての要素の集合は

2.3 Riesz の表現定理

$\mathcal{A}^\perp$ のように表される。

命題 2.1（点と閉部分空間の距離）　$\mathcal{K}$ を $\mathcal{H}$ の閉部分空間とする。$x \in \mathcal{H}$ が与えられたとき

$$d = \inf\{\|y - x\| \mid y \in \mathcal{K}\}$$

で x と $\mathcal{K}$ の距離を定義する。このとき，$d = \|y_0 - x\|$ となるような $\mathcal{K}$ の要素 y_0 が一意に存在する。

【証明】　$\{y_n\}$ を $n \to \infty$ のとき $\|x - y_n\| \to d$ となるような $\mathcal{K}$ の系列とする。このとき，**中線定理**[†]（parallelogram law）を $x - y_n$ と $x - y_m$ に適用すると

$$\|y_n - y_m\|^2 = 2\|x - y_n\|^2 + 2\|x - y_m\|^2 - 4\left\|x - \frac{y_n + y_m}{2}\right\|^2$$

が m, n について成り立つ。また，$\dfrac{y_n + y_m}{2} \in \mathcal{K}$ であり d が下限であることから

$$\left\|x - \frac{y_n + y_m}{2}\right\|^2 \geq d^2$$

が成り立つので

$$\|y_n - y_m\|^2 \leq 2\|x - y_n\|^2 + 2\|x - y_m\|^2 - 4d^2$$

が得られる。$n \to \infty$ かつ $m \to \infty$ の極限をとると不等式の右辺は $2d^2 + 2d^2 - 4d^2 = 0$ となるので，$\{y_n\}$ は $\mathcal{H}$ の Cauchy 列である。したがって，$\mathcal{H}$ のなかで収束することがわかる。

このとき $\mathcal{K}$ は閉部分空間であり各 $y_n \in \mathcal{K}$ なので，もし $y_n \to \alpha$ ならば $\alpha \in \mathcal{K}$ となる。また，距離の連続性から

$$\|\alpha - x\| = \lim_{n \to \infty} \|y_n - x\| = d$$

である。$y_0 = \alpha$ とすれば存在することがいえた。

[†] $\mathcal{H}$ 上のノルムを $\|u\| = \sqrt{\langle u|u \rangle}$ で与えたとき，中線定理とは

$$\|u + v\|^2 + \|u - v\|^2 = 2\left(\|u\|^2 + \|v\|^2\right)$$

のことである。

さらに，β を $\|\beta - x\| = d$ であるような別の $\mathcal{K}$ の要素であるとしよう．このとき，$\dfrac{\alpha + \beta}{2} \in \mathcal{K}$ なので，d の定義より

$$\left\| x - \frac{\alpha + \beta}{2} \right\|^2 \geq d^2$$

である．これと中線定理より

$$\|\beta - \alpha\|^2 = 2\|x - \alpha\|^2 + 2\|x - \beta\|^2 - 4\left\| x - \frac{\alpha + \beta}{2} \right\|^2$$
$$\leq 2d^2 + 2d^2 - 4d^2 = 0$$

が得られる．したがって，$\|\beta - \alpha\| = 0$ なので $\beta = \alpha$ となり一意性も示された．

つぎに，**直交分解定理**（orthogonal decomposition theorem）を紹介する．

定理 2.2（直交分解） $\mathcal{K}$ を $\mathcal{H}$ の閉部分空間とする．このとき任意の $\mathcal{H}$ の要素 x は一意に

$$x = Tx + Px \, , \; Tx \in \mathcal{K}, \; Px \perp \mathcal{K}$$

のように表すことができる．

【証明】 まず，$Tx \in \mathcal{K}$ を前述の命題 2.1 で得られた y_0 とする．そして $Px = x - Tx$ とおく．示すべきことは，任意の $y \in \mathcal{K}$ に対して $\langle x - Tx | y \rangle = 0$，つまり $Px \perp \mathcal{K}$ である．いま，$\|y\| = 1$ であるような $y \in \mathcal{K}$ に対して，任意の実数 α を用いて $Tx + \alpha y \in \mathcal{K}$ のような要素について考える．$\mathcal{K}$ は閉部分空間なので，このようにして構成される要素も $\mathcal{K}$ の要素となっている．このとき，Tx に関する仮定を用いて前述の命題 2.1 を利用すると

$$\|x - Tx\|^2 \leq \|x - (Tx + \alpha y)\|^2$$

が成り立つ．この不等式を整理すると

$$0 \leq \alpha^2 - 2\alpha \langle x - Tx | y \rangle$$

となる．α として $\alpha = \langle x - Tx | y \rangle$ と選ぶと

2.3 Riesz の表現定理

$$0 \leq -\langle x - Tx | y \rangle^2$$

が得られるので，$\langle x - Tx | y \rangle = 0$ となり，$(x - Tx) \perp \mathcal{K}$ が示された．

つぎに，直交分解の一意性を示す．x が別の直交分解 $x = T'x + P'x$ を持つと仮定する．ただし，$T'x \in \mathcal{K}$ であり，$P'x \perp \mathcal{K}$ である．このとき，$T'x - Tx = Px - P'x$ が得られ，左辺は $\mathcal{K}$ の要素であり右辺は $\mathcal{K}$ に直交する部分空間の要素になっている．ところで，$\mathcal{K}$ と $\mathcal{K}$ に直交する部分空間の共通部分は $\{\mathbf{0}\}$ に限るので，$T'x = Tx$ と $P'x = Px$ が得られ，一意性も示された．

この直交分解定理に関連して以下のような系が成立する．

系 2.1（**直交する要素の存在**）　$\mathcal{K}$ を $\mathcal{K} \neq \mathcal{H}$ であるような $\mathcal{H}$ の閉部分空間とする．このとき零元 $\mathbf{0}$ ではない要素 $x \in \mathcal{K}^\perp$ が存在する．

【証明】　$x \in \mathcal{H} \backslash \mathcal{K}$ とする（$x \in \mathcal{H}$ かつ $x \notin \mathcal{K}$．差集合については p.22 の脚注も参照してもらいたい）と，定理 2.2 により $x = Tx + Px$，$Tx \in \mathcal{K}$，$Px \in \mathcal{K}^\perp$ のように一意に直交分解される．このとき，$Px = \mathbf{0}$ ならば $x = Tx \in \mathcal{K}$ となり矛盾するので，$Px \neq \mathbf{0}$ である．

ここまでで，Riesz の表現定理を証明するための準備は整ったのだが，表現定理を書き表すためには **線形汎関数**（linear functional）を定義する必要がある．$x, y \in \mathcal{H}$ であり，$\alpha, \beta \in \mathbb{R}$ のとき，$\mathcal{H}$ 上の線形汎関数とは，つぎのような写像 f のことである．

$$f : \mathcal{H} \to \mathbb{R} \text{ s.t. } f(\alpha x + \beta y) = \alpha f(x) + \beta f(y)$$

$\mathcal{H}$ としては，以下で挙げる例のように特定の条件を満たす関数空間でも構わないので，関数に実数を対応させるものが汎関数であると思っていてよい．

また，$\mathcal{H}$ 上の **連続線形汎関数**（continuous linear functional）とは，つぎの性質を持つ線形汎関数 f のことである．

$\mathcal{H}$ において $x_n \to x$ のとき，$\mathbb{R}$ で $f(x_n) \to f(x)$

後で利用することになるが，例として $\mathcal{H} = \mathrm{L}^2(X, \mu)$ の場合[†1]を考える．このとき

$$\mathrm{L}^2(X, \mu) \ni g \mapsto \int_X g \, \mu$$

は線形汎関数である．ここで，μ は測度であり $\mu = m(x)\,\mathrm{d}x$ の形のものを想定しておけばよい．ただし，$m(x)$ については，いまのところ何か性質のいい関数であると思っておけばよいが，後で**Radon-Nikodým 導関数** (Radon-Nikodým derivative) であることがわかる．もし，測度 $\mu(X) < \infty$ ならば，連続線形汎関数でもある．実際，このとき Schwarz の不等式より

$$\left| \int_X g \, \mu \right| \leq \sqrt{\mu(X)} \, \|g\|_2$$

が成立し，有界となる．関数解析で知られているように有界線形作用素は連続[†2]となる．ここで

$$\|g\|_2 = \left(\int_X g^2 \, m(x) \, \mathrm{d}x \right)^{\frac{1}{2}}$$

であり

$$\mu(X) = \int_X \mu = \int_X m(x) \, \mathrm{d}x$$

である．

[†1] $\mathrm{L}^2(X, \mu)$ は，2乗可積分関数の集まりであるが，ほとんど至るところで等しいような関数を区別しない空間を表している．ここで，X 上の二つの可測関数 f と g がほとんど至るところ等しいとは，$\mu(\{x \in X | f(x) \neq g(x)\}) = 0$ が成り立つことをいう．

[†2] $\mathcal{H}$ 上の線形汎関数も線形作用素の一種であることから，この事実が成り立つ．以下に，その証明を示す．

まず，$\mathcal{H}$ の要素 x と h に対して，ある正数 M が存在して $|f(x+h) - f(x)| = |f(h)| \leq M\|h\|$ のように有界な場合，$h \to \mathbf{0}$ とすることで，要素 x での連続性が示される．逆に，要素 x で連続な場合には，任意の正数 ε に対して，ある正数 δ が存在して，$\|h\| < \delta$ であるような任意の $h \in \mathcal{H}$ に対して $|f(x+h) - f(x)| < \varepsilon$ が成り立つ．このとき，任意の $\mathcal{H}$ の要素 $y \neq \mathbf{0}$ ついて，$h = \dfrac{\delta}{2\|y\|} y$ とおくと $\|h\| = \dfrac{\delta}{2} < \delta$ なので，$|f(y)| = \left| \dfrac{2\|y\|}{\delta} f(h) \right| < \dfrac{2\|y\|}{\delta} \varepsilon = \dfrac{2\varepsilon}{\delta} \|y\|$ となる．また，$y = \mathbf{0}$ のときには，$|f(y)| = 0 = \dfrac{2\varepsilon}{\delta} \|y\|$ となる．したがって f は有界となる． $\diamondsuit$

さて，Riesz の表現定理とは以下のようなものである．

定理 2.3（Riesz の表現定理） f を $\mathcal{H}$ 上の連続線形汎関数とする．このとき $\mathcal{H}$ の任意の要素 x に対して

$$f(x) = \langle x|z \rangle$$

となるような $\mathcal{H}$ の要素 z がただ一つ存在する．

【証明】 まず，$\mathcal{H}$ の任意の要素 x に対して $f(x) = 0$ のときは，$z = \mathbf{0}$ とすればよい．

つぎに，f は恒等的には 0 ではないとする．このとき，$\mathcal{K} = \{x \in \mathcal{H} | f(x) = 0\}$ とする．f は連続で $\mathcal{K} = f^{-1}(\{0\})$ なので，$\mathcal{K}$ は $\mathcal{H}$ の閉部分空間になっている．いま，$f \not\equiv 0$ なので $\mathcal{K} \neq \mathcal{H}$ である．系 2.1 より，零元 $\mathbf{0}$ でない $\mathcal{H}$ の要素 y で $y \perp \mathcal{K}$ であるようなものが存在する．ここで

$$u = f(x) \frac{y}{\|y\|} - f\left(\frac{y}{\|y\|}\right) x$$

を導入する．これは，$f(u) = f(x) f\left(\frac{y}{\|y\|}\right) - f\left(\frac{y}{\|y\|}\right) f(x) = 0$ を満たすので，$u \in \mathcal{K}$ である．したがって，$\langle u|y \rangle = 0$ となる．

ところで

$$\langle u|y \rangle = \left\langle f(x) \frac{y}{\|y\|} - f\left(\frac{y}{\|y\|}\right) x \middle| y \right\rangle = f(x) \|y\| - f\left(\frac{y}{\|y\|}\right) \langle x|y \rangle$$

なので，$f(x) = f\left(\frac{y}{\|y\|}\right) \left\langle x \middle| \frac{y}{\|y\|} \right\rangle$ である．したがって，$z = \overline{f\left(\frac{y}{\|y\|}\right)} \frac{y}{\|y\|}$ とおくと $f(x) = \langle x|z \rangle$ となる．これで存在することがいえた．

一意性については，もし $\mathcal{H}$ の任意の要素 x について $\langle x|z \rangle = \langle x|z' \rangle$ ならば，$u = z - z'$ とおくと，$\mathcal{H}$ の任意の要素 x について $\langle x|u \rangle = 0$ が成立するので $u = \mathbf{0}$ が得られる．これより $z = z'$ となる．

この Riesz の表現定理は，要するに関数を実数に対応付ける連続線形汎関数は，実はある特別な要素との内積であるということを主張している．

2.4 Radon-Nikodým の定理

この節では，**Radon-Nikodým の定理**（Radon-Nikodým theorem）について述べる。最初に，与えられた二つの測度の間の特別な関係について考える。

まず，可測空間 $(S, \mathcal{F})$ 上に二つの測度 μ と ν が定義されているとき，測度 ν が測度 μ に対して**絶対連続**（absolute continuous）であるとは，$\mu(E) = 0$ であるような任意の $E \in \mathcal{F}$ に対して，つねに $\nu(E) = 0$ であることをいい，$\nu \ll \mu$ または $\nu \prec \mu$ のように表される。

つぎに，測度 μ と ν が**特異**（singular）であるとは，$\mu(E) = 0 = \nu(S \backslash E)$ が成り立つような $\mathcal{F}$ の要素 E が存在することであり，$\mu \perp \nu$ のように表す。ここで，$S \backslash E$ は集合 S と集合 E の差集合†を表している。

以下の証明で，μ-a.e. という用語を用いるので，それについても定義を与えておく。測度空間 $(S, \mathcal{F}, \mu)$ と S の各要素 s に関する命題が与えられたとき，$\mathcal{F}$ のある要素 A に対して $\mu(A) = 0$ が成り立っており，$^\forall s \notin A$ に対して与えられた命題が成り立っているならば，$s \in S$ に関する命題が "**ほとんど至るところ**"（almost everywhere, μ-a.e.）で成り立つという。

以下では，Radon-Nikodým の定理の証明を与えるが，ここでは von Neumann による証明を紹介する。証明の方針としては，まず，Riesz の表現定理を用いて **Lebesgue の分解定理**（Lebesgue's decomposition theorem）を示し，それを用いて Radon-Nikodým の定理を証明するという流れになる。

Lebesgue の分解定理とは，以下のようなものである。

定理 2.4（Lebesgue の分解定理）　　$(S, \mathcal{F})$ を可測空間とする。S 上の

---

† 集合 A と集合 B の差集合 $A \backslash B$ とは，集合 A から集合 B の要素を取り除いてできる集合のことである。つまり，集合 A から集合 $A \cap B$ の要素を取り除いたものである。例えば，$A = \{1, 2, 4, 8, 10\}$ であり，$B = \{3, 4, 6, 8, 9, 11, 12\}$ のとき，$A \cap B = \{4, 8\}$ なので $A \backslash B = \{1, 2, 10\}$ である。本によっては差集合を $A - B$ と表しているものもあるので，そのときにはマイナス記号に惑わされないように注意する必要がある。

二つの有限測度 μ と ν が与えられたとき，つぎの関係を満たすような測度 ν_a と ν_s が一意に存在する。

$$\nu = \nu_a + \nu_s$$

ここで，ν_a と ν_s は，$\nu_a \ll \mu$ かつ $\nu_s \perp \mu$，すなわち，ν_a は μ に対して絶対連続であり，ν_s は μ と特異である。

また，Radon-Nikodým の定理は，以下のようなものである。

定理 2.5（Radon-Nikodým の定理） $(S, \mathcal{F}, \mu)$ を有限測度空間とする。可測空間 $(S, \mathcal{F})$ 上で定義された有限測度 ν が μ に関して絶対連続ならば，以下の関係を満たすような非負の可測関数 $h \in \mathrm{L}^1(S, \mu)$ が存在する。$\mathcal{F}$ の任意の要素 E に対して

$$\nu(E) = \int_E h \cdot \mu$$

このような h は複数存在するが，それらは μ に関してほとんど至るところ等しくなっており，通常 $\dfrac{\mathrm{d}\nu}{\mathrm{d}\mu}$ と表されることが多い。

Lebesgue の分解定理も Radon-Nikodým の定理も，有限測度ではなく σ-有限な場合に拡張されたさらに強力なバージョンもある。

以下で，Lebesgue の分解定理と Radon-Nikodým の定理の証明を与えるが，そのための準備として **Fatou の補題**（Fatou's lemma）と **単調収束定理**（monotone convergence theorem）も必要となる。これらを示すために，**単関数**（simple function）とその積分についての定義を与える。

可測集合 $E \in \mathcal{F}$ が与えられたとき，可測関数 $g : E \to \mathbb{R}$ の値域が有限集合，すなわち $g(E) = \{c_1, c_2, \cdots, c_K\}$（ただし，$c_1, c_2, \cdots, c_K$ はたがいに異なっている）と表されるとき，この関数 g を単関数という。このとき，$A_k = g^{-1}(c_k)$ とすれば，可測集合 $E \in \mathcal{F}$ は有限分割（たがいに素な有限個の部分集合への分

割）$E = \bigcup_{k=1}^{K} A_k$ で表すことができ，単関数 g は

$$g(x) = \sum_{k=1}^{K} c_k \mathbf{1}_{A_k}(x) \tag{2.27}$$

のように表すことができる。ここで，$\mathbf{1}_{A_k}(x)$ は**指示関数** (indicator) と呼ばれ

$$\mathbf{1}_{A_k}(x) = \begin{cases} 1, & x \in A_k \\ 0, & x \notin A_k \end{cases} \tag{2.28}$$

のように定義される。

式 (2.27) で $c_k \geqq 0$ とすることで与えられる非負の可測な単関数 g の積分は

$$\int_S g \cdot \mu = \sum_{k=1}^{K} c_k \, \mu\bigl(g^{-1}(c_k)\bigr) \tag{2.29}$$

で与えられる。

また，非負の単関数の積分について，以下のような線形性が成り立つ。

命題 2.2（非負な単関数の積分）　　定数 $c \geqq 0$ と二つの非負な単関数の f と g について，つぎの関係が成立する。

(i)　$\displaystyle\int_S cf \cdot \mu = c \int_S f \cdot \mu$

(ii)　$\displaystyle\int_S (f+g) \cdot \mu = \int_S f \cdot \mu + \int_S g \cdot \mu$

【証明】　　(i) については，式 (2.29) よりすぐにわかる。(ii) については，非負の単関数 f と g および $f+g$ の値域をそれぞれ $\{a_1, a_2, \cdots, a_L\}$，$\{b_1, b_2, \cdots, b_M\}$，$\{c_1, c_2, \cdots, c_N\}$ とする。

このとき，$f+g$ の値域は $\{a_i + b_j | 1 \leqq i \leqq L, 1 \leqq j \leqq M\}$ のように表すこともできる。そこで，$A_\ell = \{x | f(x) = a_\ell\}$，$B_m = \{x | g(x) = b_m\}$，$C_n = \{x | f(x) + g(x) = c_n\}$ のように表すと

$$C_n = \bigcup_{\ell, m : a_\ell + b_m = c_n} (A_\ell \cap B_m) \tag{2.30}$$

2.4 Radon-Nikodým の定理

$$A_\ell = \bigcup_{m=1}^{M} (A_\ell \cap B_m) \tag{2.31}$$

$$B_m = \bigcup_{\ell=1}^{L} (A_\ell \cap B_m) \tag{2.32}$$

が成り立つので

$$\begin{aligned}
\int_S (f+g) \cdot \mu &= \sum_{n=1}^{N} c_n \mu(C_n) \\
&= \sum_{n=1}^{N} c_n \sum_{\ell,m : a_\ell + b_m = c_n} \mu(A_\ell \cap B_m) \\
&= \sum_{\ell=1}^{L} \sum_{m=1}^{M} (a_\ell + b_m) \mu(A_\ell \cap B_m) \\
&= \sum_{\ell=1}^{L} \sum_{m=1}^{M} a_\ell \mu(A_\ell \cap B_m) + \sum_{\ell=1}^{L} \sum_{m=1}^{M} b_m \mu(A_\ell \cap B_m) \\
&= \sum_{\ell=1}^{L} a_\ell \mu(A_\ell) + \sum_{m=1}^{M} b_m \mu(B_m) \\
&= \int_S f \cdot \mu + \int_S g \cdot \mu
\end{aligned} \tag{2.33}$$

が導かれる。したがって，(ii) も示された。

$\diamondsuit$

さらに，測度空間 $(S, \mathcal{F}, \mu)$ 上で定義された非負の可測関数 f の積分を，暫定的に

定義 2.5（非負な可測関数の積分（暫定版）） 任意の非負な可測関数 f に対して，S 上での積分をつぎのように定義する。

$$\int_S f \cdot \mu = \lim_{n \to \infty} \int_S f_n \cdot \mu$$

ただし

$$f_n = \sum_{k=1}^{n 2^n} \frac{k-1}{2^n} \mathbf{1}_{\left\{\frac{k-1}{2^n} < f \leq \frac{k}{2^n}\right\}} + n \mathbf{1}_{\{f > n\}}$$

のような非負の単関数列である。

で定義しておく。この積分の定義については，単調収束定理を示した後で正式なものを与えることにする。

ちなみに，数式処理ソフト Maple[†] では図 2.1 のように入力することで確かめることができる。

```
> restart :
an indicator
> ind := (x, a, b) → piecewise(a < x and x ≤ b, 1, 0) :
a monotone increasing sequence of non-negative simple function
> h := (n, x) → sum( (j-1)/2^n · ind(x, (j-1)/2^n, j/2^n), j = 1..n·2^n ) + n·ind(x, n, ∞) :
a non-negative measurable function
> f := (x) → - 1/15 · x·(x-4)·(1.2 x^2 - 6.2·x + 10)
> plot(f(x), x = 0..4, labels = [x, 'f(x)']);
plots of (h·f)(x)
> plot( [f(x), h(1, f(x)), h(3, f(x)), h(5, f(x))], x = 0..4, labels = [x, 'f(x)']);
```

図 2.1　数式処理ソフト Maple による実装例

この非負の単関数列 $\{f_n\}_{n \in \mathbb{N}}$ による関数 f の近似が，どのように行われるのかを図 2.2, 図 2.3, 図 2.4 に示した。図 2.2 は $n = 1$ の場合のひよこ型関数と直線 $y = x$ の近似の様子を示している。図 2.3 と図 2.4 は，それぞれ $n = 3$ の場合と $n = 5$ の場合を表している。これらの図は数式処理ソフトなどで容易に確認することができるので試してほしい。

図 2.2, 図 2.3, 図 2.4 に示されているように，n の値に応じた関数 f の近似の様子を見ると，n が増加するにつれて下からの近似の精度が上がっていく様子を確認することができる。つまり，ここでの積分の定義は，関数 f の下側にある（非負単関数列 $\{f_n\}_{n \in \mathbb{N}}$ により与えられる）矩形領域の面積の総和を求め，その極限（$n \to \infty$）をとることにより与えられているのである。

[†] Maple 2017 以降での動作を確認しているが，これ以前のバージョンでの動作は確認していない。

2.4 Radon-Nikodým の定理

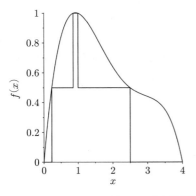
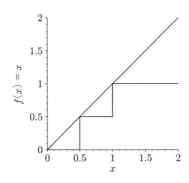

図 2.2 非負単関数 $\{f_n\}_{n=1}$ による近似

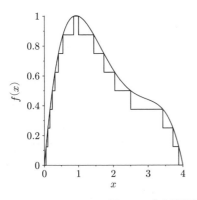
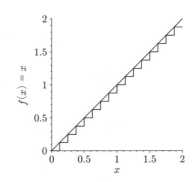

図 2.3 非負単関数 $\{f_n\}_{n=3}$ による近似

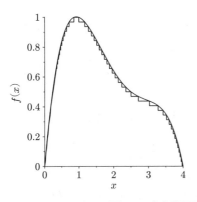
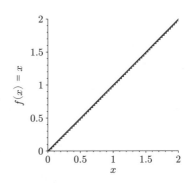

図 2.4 非負単関数 $\{f_n\}_{n=5}$ による近似

さて，Fatou の補題はつぎのようなものである．

補題 2.1（Fatou の補題） 測度空間 $(S, \mathcal{F}, \mu)$ 上で定義された非負の実数値をとる可測関数の列 $\{f_n\}_{n \in \mathbb{N}}$ に対して，つぎの不等式が成り立つ．

$$\int_S \liminf_{n \to \infty} f_n \cdot \mu \leq \liminf_{n \to \infty} \int_S f_n \cdot \mu$$

【証明】 $S' = \left\{ \liminf_{n \to \infty} f_n > 0 \right\}$ とする．いま，可測でたがいに素な S' の有限分割 $\{A_j\}_{j=1}^J$ が与えられたとき，非負の実数 a_j（ただし，$j = 1, 2, \cdots, J$）を値とするつぎのような S' 上の非負の可測な単関数 $g = \sum_{j=1}^J a_j \mathbf{1}_{A_j}$ で S' 上で $\liminf_{n \to \infty} f_n \geq g$ を満たすものについて考える．

まず，$0 < t < 1$ であるような t を用いて

$$B_{j,n} = A_j \cap \{x | f_\ell(x) > t a_j \text{ for all } \ell \geq n\} \tag{2.34}$$

を定義すれば

$$\begin{aligned} B_{j,n} &= A_j \cap (\{x | f_\ell(x) > t a_j \text{ for all } \ell \geq n+1\} \cap \{x | f_n(x) > t a_j\}) \\ &= B_{j,n+1} \cap \{x | f_n(x) > t a_j\} \end{aligned} \tag{2.35}$$

なので，任意の n について

$$A_j \supset B_{j,n+1} \supset B_{j,n} \tag{2.36}$$

のような関係が成り立つ．このとき，$A_j \supset \bigcup_{n=1}^\infty B_{j,n}$ が成り立っている．いま，$A_j \not\subset \bigcup_{n=1}^\infty B_{j,n}$ であると仮定すると，つぎのような要素 x_0 が存在することになる．

$$\begin{aligned} x_0 \in A_j \setminus \bigcup_{n=1}^\infty B_{j,n} &= A_j \cap \left(\bigcup_{n=1}^\infty B_{j,n} \right)^c = A_j \cap \left(\bigcap_{n=1}^\infty B_{j,n}^c \right) \\ &= \bigcap_{n=1}^\infty (A_j \cap B_{j,n}^c) = \bigcap_{n=1}^\infty (A_j \setminus B_{j,n}) \end{aligned} \tag{2.37}$$

このような要素 x_0 は，任意の n に対して，$\ell \geq n$ で $f_\ell(x_0) \leq t a_j = t g(x_0)$ を満たすような ℓ が存在する．ここで，$\ell \to \infty$ の下極限をとると

$$\liminf_{\ell \to \infty} f_\ell \leq tg(x_0) < g(x_0) \tag{2.38}$$

となり，最初の仮定である $\liminf_{n \to \infty} f_n \geq g$ に矛盾してしまう．したがって，$A_j \subset \bigcup_{n=1}^{\infty} B_{j,n}$ である．これで

$$A_j = \bigcup_{n=1}^{\infty} B_{j,n} \tag{2.39}$$

であることが示された．また

$$\int_{S'} f_n \cdot \mu = \sum_{j=1}^{J} \int_{A_j} f_n \cdot \mu \geq \sum_{j=1}^{J} \int_{B_{j,n}} f_n \cdot \mu \geq t \sum_{j=1}^{J} a_j \mu(B_{j,n}) \tag{2.40}$$

のような関係が成り立つので

$$\liminf_{n \to \infty} \int_S f_n \cdot \mu \geq t \sum_{j=1}^{J} a_j \lim_{n \to \infty} \mu(B_{j,n}) = t \sum_{j=1}^{J} a_j \mu(A_j) \tag{2.41}$$

が成り立つ．

そこで，$\liminf_{n \to \infty} f_n \geq g$ を満たす非負の単関数 $g = \sum_{j=1}^{J} a_j \mathbf{1}_{A_j}$ を考えていたことを思い出せば

$$\liminf_{n \to \infty} \int_S f_n \cdot \mu \geq t \sum_{j=1}^{J} a_j \mu(A_j) = t \int_{S'} g \cdot \mu \tag{2.42}$$

が任意の $0 < t < 1$ の t の値と任意の単関数 g に対して成立する．ここで $h = \liminf_{n \to \infty} f_n$ とし，$h_n = \sum_{k=1}^{n2^n} \frac{k-1}{2^n} \mathbf{1}_{\{\frac{k-1}{2^n} < f \leq \frac{k}{2^n}\}} + n \mathbf{1}_{\{f > n\}} (\leq h)$ とすれば，式 (2.42) において下から $t \to 1$ の極限をとることで

$$\liminf_{n \to \infty} \int_S f_n \cdot \mu \geq \sup_n \int_{S'} h_n \cdot \mu = \int_{S'} h \cdot \mu = \int_S \liminf_{n \to \infty} f_n \cdot \mu \tag{2.43}$$

が得られ，Fatou の補題が示された．

$\diamondsuit$

つぎに，この Fatou の補題を用いることで，つぎの単調収束定理を証明する．

定理 2.6（単調収束定理） 測度空間 $(S, \mathcal{F}, \mu)$ 上で定義された非負の実数値をとる可測関数の列 $\{f_n\}_{n \in \mathbb{N}}$ が単調増加列であるとき，関数列の極限と積分は交換可能である．

$$\lim_{n\to\infty} \int_S f_n \cdot \mu = \int_S \lim_{n\to\infty} f_n \cdot \mu$$

ただし，この等式は，両辺が無限大になる場合も含んでいる．

ここで，**単調増加列** (monotonically increasing sequence) とは，任意の $n \in \mathbb{N}$ と $s \in S$ に対して，$f_n(s) \leq f_{n+1}(s)$ が成立することである．また，非負な可測関数の積分と似たような印象を持つかもしれないが，ここでは非負の単関数の単調増加列ではなく，非負の可測関数の単調増加列を対象としていることに注意してほしい．

【証明】　まず，f_n が単調増加列であることから

$$\int_S f_j \cdot \mu \leq \int_S \lim_{n\to\infty} f_n \cdot \mu \tag{2.44}$$

が成立している．したがって

$$\lim_{n\to\infty} \int_S f_n \cdot \mu \leq \int_S \lim_{n\to\infty} f_n \cdot \mu \tag{2.45}$$

が成立する．

逆向きの不等式は Fatou の補題より成立している．

$\diamond$

ここで，可測関数の積分についてまとめておく．まず，非負な可測関数の積分（暫定版）を正式版に格上げする．単調収束定理によれば，非負な可測関数 f に下から収束するような任意の非負な単関数列（単調増加列）h_n に対して

$$\int_S f \cdot \mu = \int_S \lim_{n\to\infty} h_n \cdot \mu = \lim_{n\to\infty} \int_S h_n \cdot \mu \tag{2.46}$$

が成り立つので暫定版をそのまま正式版として採用することができる．

さて，$p \geq 1$ のとき，可測関数 $f : S \to \mathbb{R}$ が **p 乗可積分** (p-integrable) であるとは

$$\int_S |f|^p \cdot \mu < +\infty \tag{2.47}$$

であることをいう．$p = 1$ の場合にこの条件が成り立つとき，単に可積分であるという．p 乗可積分な関数全体からなる集合は $\mathcal{L}^p(S, \mu)$ のように表される．

二つの p 乗可積分関数 $f, g \in \mathcal{L}^p(S, \mu)$ がほとんど至るところ等しいとき，これらを区別しないことにして $L^p(S, \mu)$ のように表す．つまり，$f, g \in \mathcal{L}^p(S, \mu)$ が $L^p(S, \mu)$ のなかで同じ要素であるということを，$f = g$, μ-a.e. であることと定める．このとき，f と g がともに非負であれば $\int_S f \cdot \mu = \int_S g \cdot \mu (\leqq +\infty)$ が成り立っている．

さらに，可測関数 $f : S \to \mathbb{R}$ に対して

$$f^+(s) = \max\{f(s), 0\} \tag{2.48}$$

$$f^-(s) = \max\{-f(s), 0\} \tag{2.49}$$

により定まる二つの非負な可測関数 $f^+, f^- : S \to \mathbb{R}$ を，それぞれ f の非負の部分，非正の部分と呼ぶ．このとき，$f \in L^1(S, \mu)$ に対して，$f^+, f^- \in L^1(S, \mu)$ が成り立ち，f の積分を

$$\int_S f \cdot \mu = \int_S f^+ \cdot \mu - \int_S f^- \cdot \mu \tag{2.50}$$

により定める．

つぎに，可測関数の積分の線形性を示す．

命題 2.3（可測関数の積分の線形性） 測度空間 $(S, \mathcal{F}, \mu)$ 上の可測関数 f と g が可積分ならば，実数 $a, b \in \mathbb{R}$ について $af + bg$ も可積分であり

$$\int_S (af + bg) \cdot \mu = a \int_S f \cdot \mu + b \int_S g \cdot \mu$$

が成り立つ．

【証明】 f と g をそれぞれ非負と非正の部分に分解することで，f, g と a, b が非負の場合に示せば十分であることがわかる．そこで，S の各点で二つの非負な可測関数 f と g にそれぞれ収束するような非負な単関数の単調増加列 $\{f_n\}$ と $\{g_n\}$ について考える．このとき，$a, b \geqq 0$ に対して，$\{af_n + bg_n\}$ も非負な単関数の単調増加列となり，S の各点で $af + bg$ に収束する．したがって

$$\int_S (af + bg) \cdot \mu = \lim_{n \to \infty} \int_S (af_n + bg_n) \cdot \mu$$

$$= a \lim_{n \to \infty} \int_S f_n \cdot \mu + b \lim_{n \to \infty} \int_S g_n \cdot \mu$$
$$= a \int_S f \cdot \mu + b \int_S g \cdot \mu \tag{2.51}$$

が成り立つ。

2.4.1 Lebesgue の分解定理の証明

$\mathcal{H}$ を Hilbert 空間 $L^2(S, \nu + \mu)$ とする。測度 ν と μ は有限なので，$\nu + \mu$ も有限となる。さらに，$f \in \mathcal{H}$ ならば $f \in L^2(S, \nu)$ でもあるので，写像

$$\mathcal{H} \ni f \mapsto \int_S f \cdot \nu \tag{2.52}$$

は，$\nu \leq \nu + \mu$ より $\mathcal{H}$ 上の連続線形汎関数である。したがって，Riesz の表現定理より，$\mathcal{H}$ の任意の要素 f に対して

$$\int_S f \cdot \nu = \int_S fg \cdot (\nu + \mu) \tag{2.53}$$

が成り立つような $g \in \mathcal{H}$ が存在する。このとき

$$\int_S f(1-g) \cdot (\nu + \mu) = \int_S f \cdot \mu \tag{2.54}$$

も成り立つ。f として集合 $\{g(x) < 0\}$ の指示関数 $\mathbf{1}_{g<0}$ を選ぶと，式 (2.53) の左辺は

$$\int_S f \cdot \nu = \int_S \mathbf{1}_{g<0} \cdot \nu \geq 0 \tag{2.55}$$

となるが，右辺は $g < 0$ であるため

$$\int_S fg \cdot (\nu + \mu) = \int_S \mathbf{1}_{g<0} g \cdot (\nu + \mu) \leq 0 \tag{2.56}$$

となり，$\{g(x) < 0\}$ は $\nu + \mu$ の零集合であることがわかる。したがって，$g \geq 0$ が $(\nu + \mu)$-a.e. で成り立つ。また，式 (2.54) に対しても $1 - g$ を式 (2.53) の g だと思えば，同様に考えることで $g \leq 1$ が得られる。つまり，$(\nu + \mu)$ に関してほとんどすべての x に対して $0 \leq g(x) \leq 1$ ということになる。$g' : S \to \mathbb{R}$ を，

2.4 Radon-Nikodým の定理

可測集合 $\{0 \leqq g \leqq 1\}$ の上では g, その外ではつねに 0 となるようにとると, $g' = g$, $(\nu + \mu)$-a.e. が成り立つので, 式 (2.53) と式 (2.54) において g を g' に置き換えた式が成立する. そこで以下では, この g' を改めて g と書くことにする.

いま, $A = \{0 \leqq g < 1\}$ とし, $A^c = \{g = 1\}$ とすると, $A \cap A^c = \emptyset$ であり, $A \cup A^c = \{0 \leqq g \leqq 1\}$ である. このとき, 任意の可測集合 E に対して

$$\nu_a(E) = \nu(A \cap E) \tag{2.57}$$

$$\nu_s(E) = \nu(A^c \cap E) \tag{2.58}$$

を定義すれば, $\nu = \nu_a + \nu_s$ である[†1].

式 (2.54) で, $f = \mathbf{1}_{A^c}$ とおくと, 左辺は 0 になるので $\mu(A^c) = 0$ であることがわかる. さらに

$$\nu_s((A \cup A^c) \setminus A^c) = \nu_s(A) = \nu(A^c \cap A) = 0 \tag{2.59}$$

なので $\mu(A^c) = 0 = \nu_s((A \cup A^c) \setminus A^c)$ となり, $\nu_s \perp \mu$ であることがわかる.

つぎに, $E \subset A$ で $\mu(E) = 0$ であるような可測集合 E を選ぶ. このとき, 式 (2.54) より

$$\int_S f(1-g) \cdot \nu = \int_S fg \cdot \mu \tag{2.60}$$

も成立するので, $f = (1 + g + g^2 + \cdots + g^n) \mathbf{1}_E$ とおく[†2]と

$$\int_E (1 - g^{n+1}) \cdot \nu = \int_E (1 + g + g^2 + \cdots + g^n) g \cdot \mu \tag{2.61}$$

が成り立つ. ここで

$$\int_E (1 - g^{n+1}) \cdot \nu = \int_{E \cap A} (1 - g^{n+1}) \cdot \nu + \int_{E \cap A^c} (1 - g^{n+1}) \cdot \nu$$
$$= \int_{E \cap A} (1 - g^{n+1}) \cdot \nu \tag{2.62}$$

[†1] $(A \cap E) \cap (A^c \cap E) = (A \cap A^c) \cap E = \emptyset \cap E = \emptyset$ なので, $\nu_a(E) + \nu_s(E) = \nu(A \cap E) + \nu(A^c \cap E) = \nu((A \cap E) \cup (A^c \cap E)) = \nu((A \cup A^c) \cap E) = \nu(E)$

[†2] $f = (1 + g + g^2 + \cdots + g^n) \mathbf{1}_E = \dfrac{1 - g^{n+1}}{1 - g} \mathbf{1}_E$

なので

$$\int_{E\cap A}(1-g^{n+1})\cdot\nu = \int_E (1+g+g^2+\cdots+g^n)\,g\cdot\mu \tag{2.63}$$

が得られる。この式の両辺で $n\to\infty$ の極限をとると，単調収束定理を用いて極限と積分の順序を交換することで

$$\int_{E\cap A}\nu = \int_E h\cdot\mu \tag{2.64}$$

が得られる。ただし

$$h = \lim_{n\to\infty}(1+g+g^2+\cdots+g^n)\,g\mathbf{1}_A = \frac{g}{1-g}\mathbf{1}_A \geqq 0 \tag{2.65}$$

である。式 (2.64) の左辺は

$$\int_{E\cap A}\nu = \nu(E\cap A) = \nu_a(E) \tag{2.66}$$

であり，右辺は $\mu(E)=0$ なので 0 となる。結局，$\nu_a(E)=0$ が得られたので，$\nu_a \ll \mu$ が成立していることが示された。以上で，Lebesgue の分解定理の存在性についての証明が終わった。

つぎに，一意性を示す。別の分解 $\nu = \rho + \sigma$ が与えられたとする。ただし，$\rho \ll \mu$ であり，$\sigma \perp \mu$ である。このとき，$\mu(A^c)=0$ なので $\rho(A^c)=0$ が成り立つため

$$\nu_s(E) = \nu(E\cap A^c) = \sigma(E\cap A^c) \leqq \sigma(E) \tag{2.67}$$

が成立する。つまり，$\nu_s \leqq \sigma$ となり，これにより $\rho \leqq \nu_a$ も得られる。$\nu_a + \nu_s = \rho + \sigma$ より，$\sigma - \nu_s = \nu_a - \rho$ は測度[†]となるが，これらは μ に関して絶対連続であり，しかも同時に特異である。したがって，$\sigma - \nu_s = \nu_a - \rho = 0$ である。これで一意性も示された。

2.4.2　Radon-Nikodým の定理の証明

結構長い証明が続いてきたが，いよいよ Radon-Nikodým の定理の証明に入

[†] 非負であることが重要である。

2.4 Radon-Nikodým の定理

る。これまでの準備が効いて，この証明は短くて済む。

まず，Lebesgue の分解定理より，$\nu = \nu_a + \nu_s$ であり，$\nu \ll \mu$ であることから，$\nu = \nu_a$ と $\nu_s = 0$ が得られる。ここで，Lebesgue 分解定理の証明のところで定義した A 上の可積分関数として $h = g/(1-g)$ を定義し，S 上では $h = 0$ と定義する。

このとき，可測集合 E に対して，式 (2.54) で $f = h\mathbf{1}_E$ とすれば

$$\int_E h \cdot \mu = \int_{E \cap A} g \cdot (\mu + \nu) \tag{2.68}$$

が得られる。また，式 (2.53) で $f = \mathbf{1}_{E \cap A}$ とすれば

$$\int_{E \cap A} g \cdot (\mu + \nu) = \int_{E \cap A} \nu = \nu(E \cap A) = \nu_a(E) \tag{2.69}$$

が得られる。ここで，$\nu = \nu_a$ なので

$$\nu(E) = \int_E h \cdot \mu \tag{2.70}$$

が成立する。したがって，存在性が示された。

つぎに，一意性を示す。可測集合 E に対して

$$\nu(E) = \int_E k \cdot \mu \tag{2.71}$$

となるような別の可積分関数 k が存在したと仮定すると

$$\int_E (h - k) \cdot \mu = 0 \tag{2.72}$$

となる。

ここで，$E_1 = \{k < h\}$ と $E_2 = \{k > h\}$ について考えると，$\int_{E_1} (h-k) \cdot \mu = 0$ なので，$\mu(E_1) = 0$ が得られる。また，$\int_{E_2} (h-k) \cdot \mu = 0$ なので，$\mu(E_2) = 0$ も得られる。したがって，$h = k$ が μ-a.e. で成立している。これで一意性も示された。

◇

2.5 確率測度

これまで非負の有限測度について考えてきたが，ここでは確率測度について考える。

可測空間 $(S, \mathcal{F})$ に非負の有限測度 μ が与えられた測度空間 $(S, \mathcal{F}, \mu)$ で

$$\mu(S) = 1 \tag{2.73}$$

が満たされるとき，または $\mu(S) \neq 0$ のとき，測度 μ を $\mu(S)$ で割ることで正規化した測度 $\mu/\mu(S)$ を P と表し確率測度という。つまり，以下の二つの性質を持つ非負の有限測度

$$P : \mathcal{F} \to [0,1] \tag{2.74}$$

を確率測度という。

$$\left.\begin{array}{ll}(\text{i}) & \text{任意の } E \in \mathcal{F} \text{ に対して}, 0 \leq P(E) \leq 1, \text{ 特に}, P(S) = 1 \text{ である。} \\ (\text{ii}) & E_1, E_2, \cdots \in \mathcal{F} \text{ がたがいに素ならば}, P\left(\bigcup_{n=1}^{\infty} E_n\right) = \sum_{n=1}^{\infty} P(E_n)\end{array}\right\} \tag{2.75}$$

この (ii) の性質を σ-加法性または完全加法性というのであった。

ここで，空集合（空事象）$\emptyset \in \mathcal{F}$ の確率が 0 になることを示そう。まず，$E_1 = E_2 = \cdots = \emptyset$ とすると $\bigcup_{n=1}^{\infty} E_n = \emptyset$ であり，これらはたがいに素であるので σ-加法性から

$$P(\emptyset) = \lim_{N \to \infty} \sum_{n=1}^{N} P(\emptyset) = \lim_{N \to \infty} NP(\emptyset) \tag{2.76}$$

が得られるが，$P(\emptyset) \neq 0$ ならば右辺が発散してしまうので，$P(\emptyset) = 0$ が得られる。また，$A \in \mathcal{F}$ のとき，**余事象** (complementary event) A^c の確率 $P(A^c)$ は，$E_1 = A$, $E_2 = A^c$ とし，残りをすべて空事象とすれば $\bigcup_{n=1}^{\infty} E_n = E_1 \cup E_2 = S$ となり，再び σ-加法性から

$$P(S) = P(A) + P(A^c) \tag{2.77}$$

が得られるので

$$P(A^c) = 1 - P(A) \tag{2.78}$$

のように求めることができる。

また，全体集合 S を全事象 Ω に置き換えて得られる測度空間 $(\Omega, \mathcal{F}, P)$ を確率空間という．このとき，可測関数を X で表し

$$X : \Omega \to \mathbb{R} \tag{2.79}$$

で与えられるものを確率変数という．

ここで重要なことは，確率は σ-加法族 $\mathcal{F}$ の要素に対してのみ定義されているということである．つまり，σ-加法族 $\mathcal{F}$ の要素でない部分集合については，確率の計算ができないのではなく，そもそも確率が定義されていないということである．

ある事象についての確率を求めたければ，その事象が σ-加法族 $\mathcal{F}$ の要素になっていることを確かめる必要がある．しかし，これは面倒なので，確率を考えるときには，Ω から作られる σ-加法族 $\mathcal{F}$ を一番大きいもの，例えば Ω が離散集合の場合には，σ-加法族 $\mathcal{F}$ をべき集合 2^Ω にして，問題に応じて確率変数 X を選択する（工夫する）というやり方が便利である．確率変数 X に問題の詳細を押し付けるとき，どの $\omega \in \Omega$ が選択されるのかというところに "確率的"[†] な要因が集約されることになる．

2.6 Dirac 測度と離散確率

これまでは，おもに連続の場合の測度を考えてきた．特に，Lebesgue 測度空間 $(\mathbb{R}, \mathcal{B}(\mathbb{R}), \mu)$ は重要な測度空間の一つである．この Lebesgue 測度空間で

[†] ここでの "確率的" とは，試行ごとに変化する観測結果（確率変数 X の実現値 x）の獲得のことであり，観測結果がどのように出てくるのかといった機構や測定方法のことではない．この試行の結果得られる確率変数の実現値が，試行ごとに揺らぐ（変化する）ことを確率的ととらえるのである．

は，$\mathcal{B}(\mathbb{R})$ は $(a,b] \subset \mathbb{R}$ であるようなすべての半開区間の集まりから生成される σ-加法族として与えられ，この σ-加法族を Borel σ-加法族と呼んだ．また，測度は $\mu((a,b]) = b - a$ で定義されていた．

ここでは，全体集合 S が離散的な場合の測度を与える．σ-加法族としてべき集合 2^S をとる．このとき，S の要素 x_1 を一つ決め，$A \in 2^S$ とする．**Dirac 測度** (Dirac measure) δ_{x_1} とは

$$\delta_{x_1}(A) = \begin{cases} 1, & x_1 \in A \text{ のとき} \\ 0, & x_1 \notin A \text{ のとき} \end{cases} \tag{2.80}$$

のことである．これは，S 上の関数として

$$\delta_{x_1}(x) = \begin{cases} 1, & x = x_1 \text{ のとき} \\ 0, & x \neq x_1 \text{ のとき} \end{cases} \tag{2.81}$$

を定義したことと同等である[†1]．

また，Lebesgue 測度空間の場合にも Dirac 測度は定義できて，$x_k \in S$ のとき

$$\delta_{x_k}(A) = \int_A \delta(x - x_k)\,\mathrm{d}x, \text{ for } A \in \mathcal{B}(\mathbb{R}) \tag{2.82}$$

とすればよい．ただし，$\delta(x - x_k)$ は Dirac の delta 関数[†2]である．この Dirac 測度 $\delta_{x_k}(x)$ を用いることにすれば，離散型の確率変数は delta 関数の組合せを "確率密度関数" に持つ連続型の確率変数とみなすことができるので便利である．例えば，さいころの場合には

[†1] Kronecker の delta と呼ばれているものと，本質的に同じものである．
[†2] 超関数なので，積分のなかでのみ意味を持つが，形式的に

$$\delta(x - x_k) = \begin{cases} \infty, & x = x_k \text{ のとき} \\ 0, & x \neq x_k \text{ のとき} \end{cases}$$

のように与えられ，$\int_{-\infty}^{\infty} f(x)\,\delta(x - x_k)\,\mathrm{d}x = f(x_k)$ で定義される．超関数がピンとこない場合は，Fourier 表示があるのでそちらを利用するとよい．

$$\delta(x - x_k) = \frac{1}{2\pi}\int_{-\infty}^{\infty} e^{ik(x - x_k)}\,\mathrm{d}k$$

2.6 Dirac 測度と離散確率

$$\Omega = \left\{ \boxed{\cdot}, \boxed{\cdot\,\cdot}, \boxed{\cdot\,\cdot\,\cdot}, \boxed{::}, \boxed{:\cdot:}, \boxed{:::} \right\} \tag{2.83}$$

とし，Ω の要素を $x_1 = \boxed{\cdot}, x_2 = \boxed{\cdot\,\cdot}, x_3 = \boxed{\cdot\,\cdot\,\cdot}, x_4 = \boxed{::}, x_5 = \boxed{:\cdot:}, x_6 = \boxed{:::}$ と表すことにする．このとき，σ-加法族としてべき集合 2^Ω を選び，測度を式 (2.80) とし，各目の出る確率を $p_1, p_2, p_3, p_4, p_5, p_6$ とすれば，3 の目が出る事象 $\{x_3\}$ が起こる確率は

$$P(\{x_3\}) = \sum_{k=1}^{6} p_k \delta_{x_k}(\{x_3\}) = p_3 \tag{2.84}$$

となり，偶数の目が出る事象 $\{x_2, x_4, x_6\} = \{x_2\} \cup \{x_4\} \cup \{x_6\}$ が起こる確率は

$$P(\{x_2, x_4, x_6\}) = \sum_{k=1}^{6} p_k \delta_{x_k}(\{x_2, x_4, x_6\}) = p_2 + p_4 + p_6 \tag{2.85}$$

となる．これは当然といえばそのとおりだが，連続の場合と同様の定義で確率が計算できることに注目してほしい．

また，測度を式 (2.82) のように選んだ場合には，$-\infty < x_1 < a_1 < x_2 < a_2 < x_3 < a_3 < x_4 < a_4 < x_5 < a_5 < x_6 < \infty$ とすれば，3 の目が出る事象 $\{x_3\}$ が起こる確率は，$a_2 < x_3 < a_3$ なので，Dirac の delta 関数は $x = x_3$ でのみ 0 ではない．したがって

$$P(\{a_2 < x \leqq a_3\}) = \int_{a_2}^{a_3} \sum_{k=1}^{6} p_k \delta(x - x_k)\,\mathrm{d}x = p_3 \tag{2.86}$$

のように計算でき，偶数の目が出る事象 $\{x_2, x_4, x_6\} = \{x_2\} \cup \{x_4\} \cup \{x_6\}$ が起こる確率は，$D = \{a_1 < x \leqq a_2\} \cup \{a_3 < x \leqq a_4\} \cup \{a_5 < x < \infty\}$ として，3 の目が出る事象 $\{x_3\}$ が起こる確率のときと同様に Dirac の delta 関数が 0 にならないところに注意すれば

$$\begin{aligned}
P(\{x_2, x_4, x_6\}) &= \int_D \sum_{k=1}^{6} p_k \delta(x - x_k)\,\mathrm{d}x \\
&= \int_{a_1}^{a_2} \sum_{k=1}^{6} p_k \delta(x - x_k)\,\mathrm{d}x + \int_{a_3}^{a_4} \sum_{k=1}^{6} p_k \delta(x - x_k)\,\mathrm{d}x
\end{aligned}$$

$$+ \int_{a_5}^{\infty} \sum_{k=1}^{6} p_k \delta(x - x_k)\,\mathrm{d}x$$
$$= p_2 + p_4 + p_6 \tag{2.87}$$

のように計算できる。このように適切な積分範囲を選択する必要があることに注意してほしい。

3 τ-アファイン空間

この章では，べき型に拡張された積，商，指数関数，対数関数を定義し，それらの性質を示す．べき型に拡張された演算は一つのパラメータを使って表され，そのパラメータが 1 のとき，通常の演算に等価となるように定義される．また，べき型に拡張された商では，0 による除算も問題なく定義される．これらのべき型に拡張された演算を用いて，測度空間に"平行移動"を定義し，τ-アファイン空間を定める．これは十分統計量の定義を拡張したものになっている．この τ-アファイン空間は平行移動によりベクトル（τ-アファイン空間の点）の大きさが保存されない．そのため，考えているベクトルが単にスケール変換をした結果なのか，平行移動の結果なのかについては判別できないことになる．アファイン空間には，自然にアファイン座標系が導入できるので，ここでも可測関数の空間を，確率変数について r 次の多項式全体からなる空間に制限する[†]ことにより，自然なアファイン座標系を導入することができる．さらに，双対空間として τ の値を $1-\tau$ にした τ-アファイン空間も導入される．このとき，τ の値を $1-\tau$ に置き換える変換を共役をとるという．この双対性が，さまざまな統計量を計算する際に重要になってくる．

3.1 τ-関数

ここでは，今後利用する"べき型"に拡張された演算と関数について，その定

[†] この部分可測空間は，任意の可測関数を確率変数について r 次まで Taylor 展開したものの集合とみなすことができるので，r-Jet と思ってもよい．

義と性質についてまとめておく。特に示されない限り，登場する関数はすべて非負の値をとるものとする。

まず，**τ-積**（τ-product）とは，通常の積を"べき型"に拡張したものであり

$$f \otimes_\tau g = \left(f^{1-\tau} + g^{1-\tau} - 1\right)^{\frac{1}{1-\tau}} \tag{3.1}$$

のように定義される。$\tau \to 1$ のときには

$$f^{1-\tau} = 1 - (\tau - 1)\log f + O\left((\tau - 1)^2\right) \tag{3.2}$$

のように表すことができる[†]ことを利用すると

$$\begin{aligned}
\lim_{\tau \to 1} f \otimes_\tau g &= \lim_{\tau \to 1} \left(f^{1-\tau} + g^{1-\tau} - 1\right)^{\frac{1}{1-\tau}} \\
&= \lim_{\tau \to 1} \left(1 + (1-\tau)\log(fg)\right)^{\frac{1}{1-\tau}} \\
&= e^{\log(fg)} = fg
\end{aligned} \tag{3.3}$$

となり，通常の積と一致する。この τ-積は，交換則と結合則を満たしている。

$$f \otimes_\tau g = g \otimes_\tau f \tag{3.4}$$

$$(f \otimes_\tau g) \otimes_\tau h = f \otimes_\tau (g \otimes_\tau h) \tag{3.5}$$

この結合則は，つぎのように示すことができる。

$$\begin{aligned}
(f \otimes_\tau g) \otimes_\tau h &= \left\{\left(f^{1-\tau} + g^{1-\tau} - 1\right)^{\frac{1}{1-\tau}}\right\} \otimes_\tau h \\
&= \left\{\left(f^{1-\tau} + g^{1-\tau} - 1\right) + h^{1-\tau} - 1\right\}^{\frac{1}{1-\tau}} \\
&= \left\{f^{1-\tau} + \left(g^{1-\tau} + h^{1-\tau} - 1\right) - 1\right\}^{\frac{1}{1-\tau}} \\
&= f \otimes_\tau \left(g^{1-\tau} + h^{1-\tau} - 1\right)^{\frac{1}{1-\tau}} \\
&= f \otimes_\tau (g \otimes_\tau h)
\end{aligned} \tag{3.6}$$

特に，τ-積の単位元は 1 である。つまり

[†] ここで

$$\frac{\mathrm{d}}{\mathrm{d}x} f^x = f^x \log f$$

であることに注意して，$(\tau - 1)$ の 1 次の項まで Taylor 展開を行えばよい。

$$f \otimes_\tau 1 = f \tag{3.7}$$

が成立する。また，f の逆元は

$$f^{-1} = \exp_\tau(-\ln_\tau f) \tag{3.8}$$

である。ここで，べき型に拡張された指数関数 $\exp_\tau$ と対数関数 $\ln_\tau$ については，τ-商を定義した後に定義を与える。

τ-商（τ-quotient）とは，通常の商を"べき型"に拡張したものであり

$$f \oslash_\tau g = \left(f^{1-\tau} - g^{1-\tau} + 1\right)^{\frac{1}{1-\tau}} \tag{3.9}$$

のように定義される。$\tau \to 1$ のときには，$g \neq 0$ ならば τ-積の場合と同様に

$$\begin{aligned}
\lim_{\tau \to 1} f \oslash_\tau g &= \lim_{\tau \to 1} \left(f^{1-\tau} - g^{1-\tau} + 1\right)^{\frac{1}{1-\tau}} \\
&= \lim_{\tau \to 1} \left(1 + (1-\tau) \log\left(\frac{f}{g}\right)\right)^{\frac{1}{1-\tau}} \\
&= e^{\log\left(\frac{f}{g}\right)} = \frac{f}{g}
\end{aligned} \tag{3.10}$$

となり，通常の商 f/g と一致する。この τ-商はつぎのような関係を満たしている。

$$(f \oslash_\tau g) \oslash_\tau h = (f \oslash_\tau h) \oslash_\tau g = f \oslash_\tau (g \otimes_\tau h) \tag{3.11}$$

$\tau \neq 1$ のときには，0 による除算を τ-商を用いることで問題なく取り扱うことができる。

$$f \oslash_\tau 0 = \left(f^{1-\tau} + 1\right)^{\frac{1}{1-\tau}} \tag{3.12}$$

つぎに，"べき型"に拡張された指数関数である **τ-指数関数**（τ-exponential function）を定義する。τ-指数関数とは

$$\exp_\tau(u) = \{1 + (1-\tau)u\}^{\frac{1}{1-\tau}} \tag{3.13}$$

のことであり，つぎの関係を満たしている。

3. τ-アファイン空間

$$\lim_{\tau \to 1} \exp_\tau(u) = \lim_{\tau \to 1} \{1 + (1-\tau)u\}^{\frac{1}{1-\tau}} = e^u \tag{3.14}$$

$$\exp_\tau(u_2) \otimes_\tau \exp_\tau(u_1) = \exp_\tau(u_2 + u_1) \tag{3.15}$$

$$\exp_\tau(u_2) \oslash_\tau \exp_\tau(u_1) = \exp_\tau(u_2 - u_1) \tag{3.16}$$

このとき式 (3.18) を用いると

$$\begin{aligned}
\lim_{\tau \to 1} f \otimes_\tau g &= \lim_{\tau \to 1} \left(f^{1-\tau} + g^{1-\tau} - 1\right)^{\frac{1}{1-\tau}} \\
&= \lim_{\tau \to 1} \left(1 + (1-\tau)\{\ln_\tau(f) + \ln_\tau(g)\}\right)^{\frac{1}{1-\tau}} \\
&= e^{\log(f) + \log(g)} = fg
\end{aligned} \tag{3.17}$$

も成立する。

また，"べき型"に拡張された対数関数である **τ-対数関数** (τ-logarithmic function) を以下のように定義する。

$$\ln_\tau(x) = \frac{1}{1-\tau}\left(x^{1-\tau} - 1\right) \tag{3.18}$$

この τ-対数関数はつぎのような関係を満たしている。

$$\lim_{\tau \to 1} \ln_\tau(x) = \lim_{\tau \to 1} \frac{1}{1-\tau}\left(x^{1-\tau} - 1\right) = \log(x) \tag{3.19}$$

$$\ln_\tau(u_2 \otimes_\tau u_1) = \ln_\tau(u_2) + \ln_\tau(u_1) \tag{3.20}$$

$$\ln_\tau(u_2 \oslash_\tau u_1) = \ln_\tau(u_2) - \ln_\tau(u_1) \tag{3.21}$$

このとき

$$\begin{aligned}
\lim_{\tau \to 1} f \oslash_\tau g &= \lim_{\tau \to 1} \left(f^{1-\tau} - g^{1-\tau} + 1\right)^{\frac{1}{1-\tau}} \\
&= \lim_{\tau \to 1} \left(1 + (1-\tau)\{\ln_\tau(f) - \ln_\tau(g)\}\right)^{\frac{1}{1-\tau}} \\
&= e^{\log(f) - \log(g)} = \frac{f}{g}
\end{aligned} \tag{3.22}$$

も成立している。

ここで定義された τ-指数関数と τ-対数関数は，たがいに逆関数の関係になっている．

$$\ln_\tau(\exp_\tau(u)) = \exp_\tau(\ln_\tau(u)) = u \qquad (3.23)$$

また，関数の積に対しては τ-対数関数は 2 種類の異なる表現を持っている．

$$\ln_\tau(u_1 u_2) = u_2^{1-\tau} \ln_\tau(u_1) + u_1^{1-\tau} \ln_\tau(u_2) - (1-\tau) \ln_\tau(u_1) \ln_\tau(u_2) \qquad (3.24)$$

$$\ln_\tau(u_1 u_2) = \ln_\tau(u_1) + \ln_\tau(u_2) + (1-\tau) \ln_\tau(u_1) \ln_\tau(u_2) \qquad (3.25)$$

これが，後の章で定義されるエントロピーに対して，異なる**非加法性**（non-additivity）を与えることになる．

3.2 τ-アファイン構造

ここでは，アファイン空間の定義を与える．その後で，非負の関数から構成される空間に τ-積に基づいた平行移動を定義することで，非負の関数から構成される空間をアファイン空間にできることを示す．

3.2.1 アファイン空間

まず，アファイン空間（affine space）の定義を与える．

定義 3.1（アファイン空間） 集合 M とベクトル空間 U が与えられたとき，以下のような性質を持つ写像 $+\!\!\!+ : M \times U \to M : (x, u) \mapsto x +\!\!\!+ u$ について考える．

(ⅰ) 集合 M の任意の要素 x とベクトル空間 U の任意のベクトル u_1 と u_2 に対して

$$(x +\!\!\!+ u_1) +\!\!\!+ u_2 = x +\!\!\!+ (u_1 + u_2)$$

が成り立つ。ここで，$u_1 + u_2$ はベクトル空間 U における通常のベクトルの和である。

(ii) 集合 M の任意の二つの要素 x_1 と x_2 に対して

$$x_2 = x_1 \boxplus u$$

となるようなベクトル空間 U のベクトル u が一意に存在する。

このとき，写像 "$\boxplus$" を平行移動と呼び，三つ組 $(M, U, \boxplus)$ をアファイン空間という。単に M をアファイン空間ということもある。

つまり，集合 M について，ベクトル空間 U のベクトルは集合 M の要素に対する平行移動量を与え，写像 "$\boxplus$" は集合 M の要素をベクトル空間 U のベクトルを用いてどのように平行移動するかを決定している。平行移動後の要素は，もちろん集合 M の要素になっている。

アファイン空間は平坦であり，**アファイン座標系**（affine coordinates）と呼ばれる自然な座標系が存在する。集合 M の任意の要素 x_0 を一つ選んだとき，M の要素はすべて x_0 を適当な量だけ平行移動することで得られるので，集合 M の要素は平行移動量 $u \in U$ と同一視することができる。このとき，x_0 を原点と呼び，O と表すこともある。平行移動量を表すベクトルから構成されるベクトル空間 U の次元が有限で r のとき，U の任意のベクトル u は

$$u = \theta^1 u_1 + \theta^2 u_2 + \cdots + \theta^r u_r \tag{3.26}$$

のように線形独立な r 個の基底ベクトルを用いて表すことができる。このときの係数 $\{\theta^i\}_{i=1}^r$ は，u ごとに一意に決まるので，$(\theta^1, \theta^2, \cdots, \theta^r)$ は u の座標と考えることができ，これをアファイン座標系と呼ぶのである。つまり，アファイン座標系とは，アファイン空間のターゲット空間 M の要素のなかから原点 O にしたい要素 x_0 を一つ選び，M の各元 x と原点 O により決まるベクトル空間 U の要素[†]$u(x_0, x)$ とを同一視することで得られる M と U の間の全単射

[†] このベクトル u は，原点 x_0 と M の要素 x により一意に決まるので，$u = u(x_0, x)$ のように表している。

写像に基づいて定義される関数 $\theta^i = \theta^i(x_0, u)$, $i = 1, 2, \cdots, r$ のコレクションのことである．

$$u = \theta^1(x_0, u) u_1 + \theta^2(x_0, u) u_2 + \cdots + \theta^r(x_0, u) u_r \tag{3.27}$$

つぎに，**アフィン部分空間**（affine subspace）を定義する．まず，アフィン空間 $(M, U, +\!\!\!+)$ が与えられたとき，M の部分集合 $M' \subset M$ について考える．この部分集合 M' が，ベクトル空間 U の部分空間 $V \subset U$ による平行移動 "$+\!\!\!+$" について閉じているとき，三つ組 $(M', V, +\!\!\!+)$ をアフィン部分空間[†1]という．

3.2.2 平 行 移 動

アフィン空間とアフィン部分空間の定義に現れる平行移動 "$+\!\!\!+$" は，性質（ⅰ）と性質（ⅱ）を持つことが要求されているだけなので，これら二つの性質を満たすような写像であれば，平行移動と考えても構わないことになる．そこで，M と U を適当な関数空間[†2]とし，平行移動 "$+\!\!\!+$" としてつぎのような写像[†3]を考えてみる．

$$e_\tau : M \times U \to M : (x, u) \mapsto \exp_\tau(u) \otimes_\tau x \tag{3.28}$$

この写像 e_τ が性質（ⅰ）を満たすことは

$$\begin{aligned}
e_\tau(e_\tau(x, u_1), u_2) &= e_\tau(\exp_\tau(u_1) \otimes_\tau x, u_2) \\
&= \exp_\tau(u_2) \otimes_\tau (\exp_\tau(u_1) \otimes_\tau x) \\
&= (\exp_\tau(u_2) \otimes_\tau \exp_\tau(u_1)) \otimes_\tau x \\
&= \exp_\tau(u_2 + u_1) \otimes_\tau x \\
&= e_\tau(x, u_2 + u_1)
\end{aligned} \tag{3.29}$$

[†1] 単に M' をアフィン部分空間ということもある．
[†2] τ-指数関数と τ-対数関数がうまく定義できるような関数空間を考える．
[†3] 次式がうまく定義できるような状況を考えている．

$$\exp_\tau(u) \otimes_\tau x = \{x^{1-\tau} + (1-\tau) u\}^{\frac{1}{1-\tau}}$$

となり示された。

つぎに，写像 e_τ が性質 (ii) を満たすことを示そう。まず，M の任意の二つの要素 x_1 と x_2 に対して，$\ln_\tau(x_2 \oslash_\tau x_1) \in U$ を考えると

$$\begin{aligned}
e_\tau(x_1, \ln_\tau(x_2 \oslash_\tau x_1)) &= \exp_\tau(\ln_\tau(x_2 \oslash_\tau x_1)) \otimes_\tau x_1 \\
&= (x_2 \oslash_\tau x_1) \otimes_\tau x_1 \\
&= \left(x_2^{1-\tau} - x_1^{1-\tau} + 1\right)^{\frac{1}{1-\tau}} \otimes_\tau x_1 \\
&= \left\{(x_2^{1-\tau} - x_1^{1-\tau} + 1) + x_1^{1-\tau} - 1\right\}^{\frac{1}{1-\tau}} \\
&= x_2
\end{aligned} \tag{3.30}$$

のようになり，x_1 と x_2 を与えれば，$x_2 = e_\tau(x_1, u)$ となる u は $\ln_\tau(x_2 \oslash_\tau x_1)$ として一意に決まることがわかる。したがって，写像 e_τ が性質 (ii) を満たすことが示された。つまり，写像 e_τ は平行移動であることが示された。平行移動が写像 e_τ で定義されているとき，**τ-アファイン構造**（τ-affine structure）と呼ぶことにする。

3.2.3 測度空間

全体集合を Ω とし，Ω 上の σ-加法族[†1]を $\mathcal{F}$ とする。これらの組で構成される可測空間 $(\Omega, \mathcal{F})$ 上で定義される非負有限測度の集合 $\mathcal{M}$[†2]を零集合により同値類に分割したときの類の一つを $\mathcal{M}_0$ とする。また，Ω 上の可測関数（確率変数）からなる線形空間を $\mathcal{R}_\Omega$ とする。このとき，三つ組 $(\mathcal{M}_0, \mathcal{R}_\Omega, e_\tau)$[†3]は，$\tau$-アファイン構造を持つ，すなわち τ-アファイン空間である。以下では，このことを証明していく。

まず，測度空間 $(\Omega, \mathcal{F}, \mu)$（ただし，$\mu \in \mathcal{M}_0$）において，任意の非負可測関数 f と $A \in \mathcal{F}$ が与えられたとき，集合関数 $\mu_f : \mathcal{F} \to \mathbb{R} \cup \{\infty\}$ を

[†1] 以後，$\Omega = \mathbb{R}$ として考えていくが，他のパラメータなどのとり得る値の範囲も $\mathbb{R}$ と表記されることがあるので，明確にするために Ω を使用する。
[†2] $\mathcal{M}$ の任意の要素 μ は，$^\forall A \in \mathcal{F}$ に対して $0 \leq \mu(A)$ であり，$\mu(\Omega) < \infty$（有限）である。
[†3] $M = \mathcal{M}_0$, $U = \mathcal{R}_\Omega$, $+\!\!\!+ = e_\tau$ のように割り当てる。

3.2 τ-アファイン構造

$$\mu_f(A) = \int_A f(\omega)\, \mu(\omega) \tag{3.31}$$

で定義すれば，$(\Omega, \mathcal{F}, \mu_f)$ は測度空間となり，$\mu_f \in \mathcal{M}_0$ であることに注意する。以後，$\Omega = \mathbb{R}$，$\mathcal{F} = \overline{\mathcal{B}(\mathbb{R})}$ として Lebesgue 測度空間で考えていくことにする。

任意の非負可測関数 f に対して，$g \in \mathcal{R}_\Omega$ がただ一つ存在して

$$f = \exp_\tau(g) \tag{3.32}$$

と表すことができるので

$$\mu_f = \exp_\tau(g) \cdot \mu \tag{3.33}$$

とも書ける。このとき

$$\mu_f = \exp_\tau(g) \cdot \mu = \{\exp_\tau(g) \otimes_\tau 1\} \cdot \mu \tag{3.34}$$

なので

$$\exp_\tau(g) \otimes_\tau \mu = \{\exp_\tau(g) \otimes_\tau 1\} \mu \tag{3.35}$$

と定義[†]すれば

$$\mu_f = \exp_\tau(g) \otimes_\tau \mu = e_\tau(\mu, g) \tag{3.36}$$

となり，μ_f は μ を g だけ e_τ で平行移動したものになっている。そこで，$\mathcal{M}_0$ 上での $\mathcal{R}_\Omega$ の要素により定められている平行移動 e_τ が，実際に性質 (i) と性質 (ii) を満たすことを確認する。

まず，性質 (i) については，e_τ 自身が持つ性質（式 (3.29)）により，満たされていることがわかる。また，性質 (ii) については，$\mathcal{M}_0$ が零集合により同値類に分割された一つの類であることから，$\mathcal{M}_0$ の任意の二つの測度はたがいに絶対連続になっている。したがって，Radon-Nikodým の定理により性質 (ii) が満たされることが保証される。

[†] $\exp_\tau(g)$ は非負可測関数であり，μ は測度であることに注意する。

3. τ-アファイン空間

以上のことから，三つ組 $(\mathcal{M}_0, \mathcal{R}_\Omega, e_\tau)$ は，τ-アファイン構造を持つことが示された。すなわち，τ-アファイン空間になっていることが示された。

さて，$\mathcal{M}_0$ の任意の要素 μ は，Radon-Nikodým の定理より，適当な Lebesgue 測度を用いることで，Radon-Nikodým 導関数を $p(x)$ とすれば

$$\mu = p(x)\,\mathrm{d}x \tag{3.37}$$

のように表すことができるので，今後はこの表現で考えていくことにする。

このとき，τ-アファイン空間 $(\mathcal{M}_0, \mathcal{R}_\Omega, e_\tau)$ に対するアファイン座標系は，原点を $p_0(x)\,\mathrm{d}x$ とするとき

$$\begin{aligned}
p(x)\,\mathrm{d}x &= e_\tau(p_0(x)\,\mathrm{d}x, g(x)) \\
&= \{\exp_\tau(g(x)) \otimes_\tau p_0(x)\}\,\mathrm{d}x \\
&= \{\exp_\tau(g(x)) \otimes_\tau \exp_\tau(\ln_\tau(p_0(x)))\}\,\mathrm{d}x \\
&= \exp_\tau(g(x) + \ln_\tau(p_0(x)))\,\mathrm{d}x
\end{aligned} \tag{3.38}$$

なので，$g(x)$ を $\mathcal{R}_\Omega$ の基底で展開したときの展開係数のコレクションとして得ることができる。そこで，平行移動量を取り出す写像 l_τ をつぎのように定義†する。

$$l_\tau\big|_{\mu_0} : \mathcal{M}_0 \to \mathcal{R}_\Omega : p(x)\,\mathrm{d}x \mapsto g(x) + \ln_\tau(p_0(x)) \tag{3.39}$$

この写像 $l_\tau\big|_{\mu_0}$ は，原点として選んだ測度 $p_0(x)\,\mathrm{d}x$ に非負可測関数 $\exp_\tau(g(x))$ を掛けることで得られる測度 $p(x)\,\mathrm{d}x$ から，非負可測関数を決定している $g(x)$ を取り出している。つまり，τ-アファイン空間 $(\mathcal{M}_0, \mathcal{R}_\Omega, e_\tau)$ の原点 $p_0(x)\,\mathrm{d}x$ を定めたとき，非負可測関数 $\exp_\tau(g(x))$ から平行移動量を表す $g(x)$ をつぎのように求めていると考えてよい。

$$\begin{aligned}
\ln_\tau(p(x)) &= \ln_\tau(\exp_\tau(g(x) + \ln_\tau(p_0(x)))) \\
&= g(x) + \ln_\tau(p_0(x))
\end{aligned} \tag{3.40}$$

---

† アファイン座標系を定めるためには，平行移動の始点を指定する必要がある。

この表現では，通常の加法で表されているという点で"より平行移動らしい"印象を得ることができる。

さて，これまでは非負な有限測度空間[†1]について考えてきたが，$\mu(\Omega)$ が有限の値をとるので，この値で割ることでつねに全体集合 Ω に対しては $\mu(\Omega) = 1$ とできる。つまり，これまでの議論を up to scale[†2]で考えれば，確率測度からなる集合[†3]を $\mathcal{P}$ として，τ-アファイン空間 $(\mathcal{P}, \mathcal{R}_\Omega, e_\tau)$ についての議論として考えることができる。ここで注意しなければならないことは，一般に τ-アファイン構造は平行移動のもとで測度を保存しないということである。つまり，平行移動すれば測度はつねに変化するものと考えておかなければならない。そこで，up to scale で考えるという消極的な立場を捨て，積極的な立場をとることにする。すなわち，測度を変化させる平行移動の向きを新たに追加することで，平行移動のもとでの測度の変化を，追加された座標軸上での座標の変化として考えることにする。つまり，$\mathbb{R}_+$ を正の実数の集合として

$$(\mathcal{M}_0, \mathcal{R}_\Omega, e_\tau) \simeq (\mathcal{P} \times \mathbb{R}_+, \mathcal{R}_\Omega, e_\tau) \tag{3.41}$$

のように考えることにし，空間 $\mathcal{P} \times \mathbb{R}_+$ を**正錐**（positive cone）と呼ぶことにする。また，このとき確率測度からなる空間 $\mathcal{P}$ を**余次元 1 の空間**（codimension 1 subspace）ともいう。

3.2.4 十分統計量

ここでの平行移動の定義の仕方は，**十分統計量**（sufficient statistics）の定義の拡張になっている。このことを示すために，十分統計量の定義と **Fisher-Neyman の因子分解定理**（Fisher-Neyman factorization theorem）についてまとめておく。通常，Fisher-Neyman の因子分解定理の証明は，確率変数が離散的な場合と連続的な場合とで分けて行われることが多いが，ここでは離散と

[†1] ここまでの話は，σ-有限でも成り立つ。
[†2] 要するに，$\mu(\Omega)$ の値が有限であれば 1 であるとみなすということ。
[†3] $\mathcal{P} \subset \mathcal{M}_0$ であることに注意。また，$p \in \mathcal{P}$ のとき，確率空間は三つ組 $(\Omega, \mathcal{F}, p)$ で与えられる。

連続を同時に扱うことができる Neyman による証明を紹介する[†1]。

まず，十分統計量とは，以下のように定義される。

定義 3.2（十分統計量） 可測空間 $(\mathcal{X}, \mathcal{A})$ 上のパラメトリックな確率分布族 $\mathfrak{P} = \{P_\theta\}_{\theta \in \Theta}$ と可測空間 $(\mathcal{T}, \mathcal{B})$ に値をとる確率変数 $T : \mathcal{X} \to \mathcal{T}$ が与えられたとき，各 $A \in \mathcal{A}$ に対して，P_θ に依存しないような $\mathcal{B}$-可測関数 $q(A|\bullet)$ が存在し

$$\int_B q(A|t)\, P_{\theta,T}(\mathrm{d}t) = P_\theta\bigl(A \cap T^{-1}(B)\bigr) \tag{3.42}$$

が成り立つとき，$\mathcal{T}$-値確率変数 T は $\mathfrak{P} = \{P_\theta\}_{\theta \in \Theta}$ に対して十分であるという。また，確率分布族に対して十分であるような統計量を十分統計量という。

ここで，$\mathfrak{P}$ は P の Fraktur 体であり，$\bullet$ は $\mathcal{B}$-可測関数の引数を表している。また

$$P_{\theta,T}(\mathrm{d}t) = P_\theta\bigl(T^{-1}(t) \in \mathrm{d}x\bigr) = P_\theta(T \in \mathrm{d}t) \tag{3.43}$$

である[†2]。

各 t に対して，$q(\bullet|t)$ については，確率分布であることまでは要求されておらず，積分の値が式 (3.42) の両辺で等しければよい。これは，$q(\bullet|t)$ のサポートが $\mathcal{A}$ よりも大きくなる場合もあり得るからである。もし，$q(\bullet|t)$ のサポートが $\mathcal{A}$ と等しければ，$q(A|t)$ は，A に関する条件付き確率 $P_\theta(A|T = t)$ である。このとき，A に関する条件付き確率 $P_\theta(A|T = t)$ がパラメータ θ に依存しないならば，式 (3.42) により，T は十分統計量になる。

[†1] この部分は文献[18] の pp.1–7 に基づいているが，定義や定理等の書き方および証明については，文献[19] の pp.111–120 に従っている。詳細について興味のある読者は，文献[19] を参照してもらいたい。

[†2] 第 2 章 2.2 節の確率変数の変換のところで説明した式 (2.22) と式 (2.23) を思い出せばよい。

可測空間 $(\mathcal{X}, \mathcal{A})$ 上の確率分布族 $\mathfrak{P}$ と σ-有限測度[†]μ に対して，${}^\forall P \in \mathfrak{P}$ が μ に関して絶対連続なとき，$\mathfrak{P}$ は μ に関して絶対連続であるといい $\mathfrak{P} \ll \mu$ のように表し，$\mathfrak{P}$ を μ に支配された確率分布族と呼ぶ．

補題 3.1（$\mathfrak{P} \ll P_*$ となるような部分集合 $\{P_n\}_{n \in \mathbb{N}}$ の存在）　可測空間 $(\mathcal{X}, \mathcal{A})$ 上の確率分布族 $\mathfrak{P}$ と σ-有限測度 μ に対して，$\mathfrak{P} \ll \mu$ であるとき，$\mathfrak{P}$ の部分集合 $\{P_n\}_{n \in \mathbb{N}}$ で

$$P_* = \sum_{n=1}^\infty 2^{-n} P_n \tag{3.44}$$

を構成するとき，$\mathfrak{P} \ll P_*$ となるような部分集合 $\{P_n\}_{n \in \mathbb{N}}$ が存在する．

【証明】　σ-有限測度 μ に対して，その定義より $\mu(A_n) < \infty$ $(n \in \mathbb{N})$ で $\bigcup_{n \in \mathbb{N}} A_n = \mathcal{X}$ を満たすような $A_n \in \mathcal{A}$ $(n \in \mathbb{N})$ が存在するので

$$\mu^*(A) = \sum_{n \in \mathbb{N}} \frac{\mu(A \cap A_n)}{2^n \mu(A_n)} \mathbf{1}_{\{\mu(A_n) \neq 0\}} \tag{3.45}$$

を定義すれば，有限測度 μ^* に関して $\mathfrak{P} \ll \mu^*$ となるので，改めて μ^* を μ とおくことで，μ は有限測度であるとしても一般性を失わない．

さて，$\mathfrak{P} \ll \mu$ なので Radon-Nikodým の定理により $\dfrac{\mathrm{d}P}{\mathrm{d}\mu}$ が零集合上での振舞いを除いて一意に存在する．そこで，$\dfrac{\mathrm{d}P}{\mathrm{d}\mu}$ の零集合上での振舞いを一つ決めることで任意性をなくしたものを h_P とする．このとき，各 $P \in \mathfrak{P}$ に対して $S_P \in \mathcal{A}$ を

$$S_P = \{x \in \mathcal{X} \mid h_P(x) > 0\} \tag{3.46}$$

で定義すれば，任意の $P \in \mathfrak{P}$ に対して

$$P(A) = \int_A h_P(x)\, \mu(\mathrm{d}x) = \int_A h_P(x)\, \mathbf{1}_{A \cap S_P}(x)\, \mu(\mathrm{d}x)$$

[†] $n \in \mathbb{N}$ のとき，$A_n \in \mathcal{A}$ に対して $\mu(A_n) < \infty$ であり，しかも $\mathcal{X} = \bigcup_{n=1}^\infty A_n$ を満たすような可測集合列 $A_1, A_2, \cdots \in \mathcal{A}$ が存在するとき，測度 μ を σ-有限測度 μ と呼ぶ．σ-有限測度は，有限測度（$\mu(\mathcal{X}) < \infty$）とは異なり，$\mu(\mathcal{X})$ が有限になるとは限らず，発散する場合もある．

$$= \int_{A \cap S_P} h_P(x)\,\mu(\mathrm{d}x) \tag{3.47}$$

が成り立つので，$P(A)=0$ ならば $\mu(A \cap S_P)=0$ となる．したがって

$$P(A)=0 \iff \mu(A \cap S_P)=0 \tag{3.48}$$

であることがわかる．

いま，$\mathcal{X}$ の部分集合族 $\mathcal{C} \subset \mathcal{A}$ を

$$\mathcal{C} = \left\{ S \in \mathcal{A} \,\middle|\, \text{ある列 } P_n \in \mathfrak{P}\ (n \in \mathbb{N}) \text{ に対して } S = \bigcup_{n \in \mathbb{N}} S_{P_n} \right\} \tag{3.49}$$

で定義すると，この $\mathcal{C}$ は可算個の和集合をとる操作について閉じているので，$\mu(S)$ の最小上界を与えるような列 $\{P'_n\}_{n \in \mathbb{N}}$ が存在して，$S_* = \bigcup_{n \in \mathbb{N}} S_{P'_n} \in \mathcal{C}$ とおけば

$$\mu(S_*) = \sup\{\mu(S) \mid S \in \mathcal{C}\} < \infty \tag{3.50}$$

となる．

さて，ここで，ある $P \in \mathfrak{P}$ について $\mu(S_*^c \cap S_P) > 0$ が成り立っているものと仮定する．$S_1 = S_* \cup S_P$ とおくと，$S_* \cap (S_*^c \cap S_P) = \emptyset$ であり，$S_* \cup (S_*^c \cap S_P) = (S_* \cup S_*^c) \cap (S_* \cup S_P) = \mathcal{X} \cap (S_* \cup S_P) = S_* \cup S_P = S_1$ であるので

$$\mu(S_1) = \mu(S_*) + \mu(S_*^c \cap S_P) > \mu(S_*) \tag{3.51}$$

が得られる．ところが，これは S_* が最小上界を与えることと矛盾するので $\mu(S_*^c \cap S_P) = 0\ \left(^\forall P \in \mathfrak{P}\right)$ でなければならない．したがって，式 (3.48) より

$$P(S_*^c) = 0 \tag{3.52}$$

となる．また，$P_* = \displaystyle\sum_{n \in \mathbb{N}} 2^{-n} P_n$ とおくと

$$P_*(A) = 0 \implies P_n(A) = 0\ \left(^\forall n \in \mathbb{N}\right)$$

$$\implies \mu(A \cap S_{P_n}) = 0\ \left(^\forall n \in \mathbb{N}\right)\ (\because \text{式 (3.48)})$$

$$\implies \mu(A \cap S_*) = 0\ \left(\because S_* = \bigcup_{n \in \mathbb{N}} S_{P_n}\right)$$

$$\implies P(A \cap S_*) = 0\ \left(^\forall P \in \mathfrak{P}\right)\ (\because P \ll \mu) \tag{3.53}$$

となるので，$P_*(A) = 0$ ならば $P(A \cap S_*) = 0$ $\left(\forall P \in \mathfrak{P}\right)$ である。

このとき，$(A \cap S_*) \cap (A \cap S_*^c) = \emptyset$ であり，$(A \cap S_*) \cup (A \cap S_*^c) = A$ であるので，$P_*(A) = 0$ ならば

$$P(A) = P(A \cap S_*) + P(A \cap S_*^c)$$

$$\leqq P(A \cap S_*) + P(S_*^c) \quad (\because 測度の単調性)$$

$$= 0 + 0 \quad (\because 式 (3.52) と式 (3.53)) \tag{3.54}$$

となるので，$P \ll P_* \left(\forall P \in \mathfrak{P}\right)$ であることが示された。すなわち，$\mathfrak{P} \ll P_*$ である。

つぎに，Fisher-Neyman の因子分解定理を与える。これは，ある統計量が十分であるかどうかを判定する際に非常に便利な定理である。

定理 3.1（Fisher-Neyman の因子分解定理） $\mathfrak{P} = \{P_\theta\}_{\theta \in \Theta}$ を可測空間 $(\mathcal{X}, \mathcal{A})$ 上の σ-有限測度 μ によって支配されたパラメトリックな確率分布族とする。また，T を $(\mathcal{T}, \mathcal{B})$-値確率変数とする。このとき，つぎの（ⅰ）と（ⅱ）は同値である。

(ⅰ) T は $\mathfrak{P}$ に対して十分である。

(ⅱ) $\mathcal{T}$ 上の非負 $\mathcal{B}$-可測関数 H_θ と $\mathcal{X}$ 上の非負 $\mathcal{A}$-可測関数 g が存在して，各 $\theta \in \Theta$ に対して

$$\frac{\mathrm{d}P_\theta}{\mathrm{d}\mu}(x) = g(x)\, H_\theta(T(x)) \tag{3.55}$$

が μ-a.e. で成り立つ。

【証明】 まず，(ⅰ)⇒(ⅱ) を示す。

T が $\mathfrak{P}$ に対して十分であるとき，十分性の定義より，任意の $A \in \mathcal{A}$ に対して B が存在して

$$\int_B q(A|t)\, P_{\theta,T}(\mathrm{d}t) = P_\theta\bigl(A \cap T^{-1}(B)\bigr) = \int_{\mathcal{X}} \mathbf{1}_A(x)\, \mathbf{1}_B(T(x))\, P_\theta(\mathrm{d}x) \tag{3.56}$$

が成り立っている。ただし，$B \in \mathcal{B}$ であり $\theta \in \Theta$ である。このとき，補題 3.1 により，ある列 $\theta_n \in \Theta$ をとり，$P_* = \sum_{n=1}^{\infty} 2^{-n} P_{\theta_n}$ とすれば

$$\int_B q(A|t) P_{*,T}(\mathrm{d}t) = \int_{\mathcal{X}} \mathbf{1}_A(x) \mathbf{1}_B(T(x)) P_*(\mathrm{d}x) \tag{3.57}$$

が得られる。したがって，任意の $P_{*,T}$-可積分関数 H に対して

$$\int_{\mathcal{T}} q(A|t) H(t) P_{*,T}(\mathrm{d}t) = \int_{\mathcal{X}} \mathbf{1}_A(x) H(T(x)) P_*(\mathrm{d}x) \tag{3.58}$$

が成り立つ。$P_\theta \ll P_*$ なので $P_{\theta,T} \ll P_{*,T}$ となり，Radon-Nikodým の定理により

$$H_\theta(t) = \frac{\mathrm{d}P_{\theta,T}}{\mathrm{d}P_{*,T}}(t) \tag{3.59}$$

が存在するので，$P_{\theta,T}(\mathrm{d}t) = H_\theta(t) P_{*,T}(\mathrm{d}t)$ を式 (3.58) に代入すると

$$\begin{aligned} P_\theta(A) &= \int_{\mathcal{T}} q(A|t) P_{\theta,T}(\mathrm{d}t) \\ &= \int_{\mathcal{X}} \mathbf{1}_A(x) H_\theta(T(x)) P_*(\mathrm{d}x) \\ &= \int_{\mathcal{X}} \mathbf{1}_A(x) H_\theta(T(x)) \frac{\mathrm{d}P_*}{\mathrm{d}\mu}(x) \mu(\mathrm{d}x) \end{aligned} \tag{3.60}$$

が得られる。任意の $A \in \mathcal{A}$ に対してこの式は成り立つので

$$\frac{\mathrm{d}P_\theta}{\mathrm{d}\mu}(x) = H_\theta(T(x)) \frac{\mathrm{d}P_*}{\mathrm{d}\mu}(x) \tag{3.61}$$

が μ-a.e. で成り立つことになる。このとき

$$g(x) = \frac{\mathrm{d}P_*}{\mathrm{d}\mu}(x) \tag{3.62}$$

とおけば，(ⅱ) が得られる。

つぎに，(ⅱ)⇒(ⅰ) を示す。そのために，補題 3.1 の式 (3.44) に従って P_* を定めると，各 $P_\theta \in \mathfrak{P}$ に対して

$$\frac{\mathrm{d}P_\theta}{\mathrm{d}P_*}(x) = \tilde{H}_\theta(T(x)) \tag{3.63}$$

となるような非負 $\mathcal{B}$-可測関数 $\tilde{H}_\theta : \mathcal{T} \to \mathbb{R}_+$ が存在することを示す。いま

$$H_*(t) = \sum_{n=1}^{\infty} 2^{-n} H_{\theta_n}(t) \tag{3.64}$$

とおくと，(ⅱ) と P_* の定義により

$$\frac{\mathrm{d}P_*}{\mathrm{d}\mu}(x) = g(x)\,H_*(T(x)) \tag{3.65}$$

が μ-a.e. で成り立つ。ここで，$B_* = \{t \in \mathcal{T} | H_*(t) > 0\}$ として

$$\tilde{H}(t) = \begin{cases} \dfrac{H_\theta(t)}{H_*(t)}, & t \in B_* \\ 0, & t \in B_*^c \end{cases} \tag{3.66}$$

を定義すれば，任意の $A \in \mathcal{A}$ に対して

$$\int_A \tilde{H}_\theta(T(x))\,P_*(\mathrm{d}x) = \int_A \tilde{H}_\theta(T(x))\,\frac{\mathrm{d}P_*}{\mathrm{d}\mu}(x)\,\mu(\mathrm{d}x)$$

$$(\because \text{式 (3.65)}) \quad = \int_A \tilde{H}_\theta(T(x))\,g(x)\,H_*(T(x))\,\mu(\mathrm{d}x)$$

$$(\because \text{式 (3.66)}) \quad = \int_A H_\theta(T(x))\,g(x)\,\mathbf{1}_{B_*}(T(x))\,\mu(\mathrm{d}x)$$

$$(\because (\mathrm{ii})) \quad = \int_A \frac{\mathrm{d}P_\theta}{\mathrm{d}\mu}(x)\,\mathbf{1}_{B_*}(T(x))\,\mu(\mathrm{d}x)$$

$$= \int_A \mathbf{1}_{B_*}(T(x))\,P_\theta(\mathrm{d}x)$$

$$= P_\theta\bigl(A \cap T^{-1}(B_*)\bigr) \tag{3.67}$$

である。ところで，式 (3.65) から

$$P_*\bigl(T^{-1}(B_*^c)\bigr) = \int_{T^{-1}(B_*^c)} \frac{\mathrm{d}P_*}{\mathrm{d}\mu}(x)\,\mu(\mathrm{d}x)$$

$$= \int_{T^{-1}(B_*^c)} g(x)\,H_*(T(x))\,\mu(\mathrm{d}x)$$

$$= \int_\mathcal{X} \mathbf{1}_{B_*^c}(T(x))\,g(x)\,H_*(T(x))\,\mu(\mathrm{d}x) \tag{3.68}$$

である。ここで H_* は，その構成から非負 $\mathcal{B}$-可測関数となるので，$t \in B_*^c$ に対しては $H_*(t) = 0$ なので

$$P_*\bigl(T^{-1}(B_*^c)\bigr) = 0 \tag{3.69}$$

が得られる。したがって，$\mathfrak{P} \ll P_*$ なので，各 $\theta \in \Theta$ に対して

$$P_\theta\bigl(T^{-1}(B_*^c)\bigr) = 0 \tag{3.70}$$

となる。また

$$
\begin{aligned}
A &= A \cap \mathcal{X} \\
&= A \cap \left(T^{-1}(B_*) \cup T^{-1}(B_*^c)\right) \\
&= \left(A \cap T^{-1}(B_*)\right) \cup \left(A \cap T^{-1}(B_*^c)\right)
\end{aligned}
\tag{3.71}
$$

なので

$$
\begin{aligned}
P_\theta(A) &= P_\theta\left(\left(A \cap T^{-1}(B_*)\right) \cup \left(A \cap T^{-1}(B_*^c)\right)\right) \\
&= P_\theta\left(A \cap T^{-1}(B_*)\right) + P_\theta\left(A \cap T^{-1}(B_*^c)\right) \\
&= P_\theta\left(A \cap T^{-1}(B_*)\right) \ (\because 式 (3.70))
\end{aligned}
\tag{3.72}
$$

である。したがって

$$
\begin{aligned}
\int_A \tilde{H}_\theta(T(x))\, P_*(\mathrm{d}x) &= P_\theta(A) \\
&= \int_A P_\theta(\mathrm{d}x) \\
&= \int_A \frac{\mathrm{d}P_\theta}{\mathrm{d}P_*}(x)\, P_*(\mathrm{d}x) \ (\because P_\theta \ll P_*)
\end{aligned}
\tag{3.73}
$$

となるので

$$
\frac{\mathrm{d}P_\theta}{\mathrm{d}P_*}(x) = \tilde{H}_\theta(T(x))
\tag{3.74}
$$

となるような非負 $\mathcal{B}$-可測関数 $\tilde{H}_\theta : \mathcal{T} \to \mathbb{R}_+$ が存在することが示された。

そこで,任意の $A \in \mathcal{A}$ に対して,P_* に関する条件付き期待値を用いて

$$
\begin{aligned}
q(A|t) &= \mathrm{E}_{P_*}[\mathbf{1}_A | T = t] \\
&= \frac{P_*(A \cap \{T \in \mathrm{d}t\})}{P_*(\{T \in \mathrm{d}t\})} = \frac{P_*(A \cap \{T \in \mathrm{d}t\})}{P_{*,T}(\mathrm{d}t)}
\end{aligned}
\tag{3.75}
$$

とおけば,任意の $P_{*,T}$-可積分関数 $f : \mathcal{T} \to \mathbb{R}$ に対して

$$
\int_\mathcal{T} q(A|t)\, f(t)\, P_{*,T}(\mathrm{d}t) = \int_\mathcal{X} \mathbf{1}_A(x)\, f(T(x))\, P_*(\mathrm{d}x)
\tag{3.76}
$$

となる。ここで,$f = \mathbf{1}_B \tilde{H}_\theta$ とおくと,$B \in \mathcal{B}$ と $\theta \in \Theta$ に対して

$$
\begin{aligned}
\int_B q(A|t)\, P_{\theta,T}(\mathrm{d}t) &= \int_{T^{-1}(B)} \mathbf{1}_A(x)\, P_\theta(\mathrm{d}x) \\
&= P_\theta\left(A \cap T^{-1}(B)\right)
\end{aligned}
\tag{3.77}
$$

が得られるので，T は $\mathfrak{P}$ に対して十分であることがわかる。

$\diamondsuit$

例として，ポアソン分布 $Poisson(\lambda)$ に従う N 個の i.i.d.†標本 $\{x_i\}_{i=1}^{N}$ が与えられたときの最尤推定について考えてみる。このとき，尤度 $L(\lambda)$ は

$$L(\lambda) = \prod_{i=1}^{N} \frac{\lambda^{x_i} e^{-\lambda}}{x_i!} \tag{3.78}$$

で与えられる。これを以下のように変形すれば

$$L(\lambda) = \frac{\lambda^{\sum_{i=1}^{N} x_i} e^{-N\lambda}}{\prod_{i=1}^{N} x_i!} = \frac{1}{\prod_{i=1}^{N} x_i!} \exp\left(\sum_{i=1}^{N} x_i \log \lambda - N\lambda\right)$$

$$= \frac{1}{\prod_{i=1}^{N} x_i!} \exp\{N\left(\boldsymbol{T}(x)\boldsymbol{\theta} - e^{\theta}\right)\} \tag{3.79}$$

のように表すことができる。ただし

$$\theta = \log \lambda \tag{3.80}$$

$$T(x) = \frac{1}{N} \sum_{i=1}^{N} x_i \tag{3.81}$$

である。したがって，$T(x)$ は $L(\lambda)$ の十分統計量になっていることがわかる。

さて，ここで，τ-アファイン構造における"平行移動"について考えてみると，平行移動量 f がパラメータ（アファイン座標系もしくは自然座標系）$\boldsymbol{\theta}$ により与えられるとき

$$\mu_f(\mathrm{d}x) = f_{\boldsymbol{\theta}}(\boldsymbol{T}(x)) \otimes_{\tau} \mu(\mathrm{d}x) \tag{3.82}$$

で"平行移動"後の測度が得られるので，規格化した後で確率密度関数を用いて書き直すと

---

† i.i.d. とは，independent and identically distributed の頭文字を並べたもので，独立に同一の分布に従うことを表している。

60   3. τ-アファイン空間

$$p_f(x)\,\mathrm{d}x = \{f_{\boldsymbol{\theta}}(\boldsymbol{T}(x)) \otimes_\tau p(x)\}\,\mathrm{d}x \tag{3.83}$$

のようになる。

Fisher-Neyman の因子分解定理により，確率密度関数が確率変数のみに依存する因子とパラメータ $\boldsymbol{\theta}$ を含む因子とに分解できるとき，$\boldsymbol{T}$ は μ_f に対して十分になるが，式 (3.83) を見ると，因子どうしの通常の積 × が $\otimes_\tau$ に拡張されたものになっていることがわかるので，ここでの "平行移動" は十分性の拡張としてとらえることもできる。

3.3 アファイン座標系と τ-アファイン共役

ここでは，この後，重要な役割を演じることになる τ-アファイン共役の定義を与え，Body 世界と Soul 世界を定義する。

3.3.1 τ-対数尤度

データが与えられたとき，そのデータの背後に存在するはずの確率分布[†1]を，得られたデータに基づいて推定するという統計的推定問題においては尤度[†2]の評価が重要となる。背後に存在するはずの確率分布のモデルとして，パラメトリックな分布[†3] $P(X;\theta^1,\theta^2,\cdots,\theta^r)$ を選択しよう。このとき，i.i.d. サンプル $\{x_1,x_2,\cdots,x_N\}$ に対するパラメータの**尤度** (likelihood) $L(\theta^1,\theta^2,\cdots,\theta^r)$[†4]は

[†1] データがなぜ得られたのかという問いに，そのデータが得られる確率が最大だったからと答える。そのために存在が仮定されるのが，データが従っているはずの背後の確率分布である。これが尤度を最大にするように確率分布を推定しようという最尤推定の考え方であり，いわば確率的世界観とでもいう立場に基づいている。

[†2] 「ゆうど」と読む。「尤」という字は，パソコンなどでは「もっともらしい」と入力して漢字に変換するとよい。

[†3] θ^i の添字 i は，べき指数ではなく，単にパラメータ θ を区別するための添字である。上付き添字なのでべき指数と混乱しないように，θ^i を 2 乗するときには $(\theta^i)^2$ のように表す。

[†4] 確率分布と同じ式がパラメータの尤度として現れていることに注意する。$P(X;\theta^1,\theta^2,\cdots,\theta^r)$ を，確率変数 X の関数として見るとき確率分布と呼び，確率変数 X にその実現値 x を代入してパラメータ $\{\theta^i\}_{i=1}^r$ の関数として見るとき尤度と呼ぶ。つまり，変数として何を選ぶかに応じて名前を変える関数と思えばよいのである。

$$L(\theta^1, \theta^2, \cdots, \theta^r) = \prod_{i=1}^{N} P(x_i; \theta^1, \theta^2, \cdots, \theta^r) \tag{3.84}$$

で与えられる。サンプル全体に対する尤度 $L(\theta^1, \theta^2, \cdots, \theta^r)$ は，サンプル内の要素一つひとつに対応した尤度 $P(x_i; \theta^1, \theta^2, \cdots, \theta^r)$，$i = 1, 2, \cdots, N$ の積で表される。この尤度が最大となるようにパラメータの値を決定することが最尤推定であるが，そのためには，$L(\theta^1, \theta^2, \cdots, \theta^r)$ の極大値を求めることが要求される。つまり，$L(\theta^1, \theta^2, \cdots, \theta^r)$ をパラメータ θ^k，$k = 1, 2, \cdots, r$ で偏微分して得られた r 個の偏導関数をすべて 0 とおき，それらから構成される連立方程式を解くことになる。ところが，尤度 $L(\theta^1, \theta^2, \cdots, \theta^r)$ は N 個の尤度 $P(x_i; \theta^1, \theta^2, \cdots, \theta^r)$ の積になっているので，偏微分してその結果をまとめるのは面倒である。さらに，尤度は 1 以下の値をとるのでサンプル数が増えるほど，その値は小さくなり 0 に近くなる。そのため計算機で処理しようとするとアンダーフローを起こしてしまう可能性が高まってしまう。そこで，以下のように $L(\theta^1, \theta^2, \cdots, \theta^r)$ の対数をとると，大小関係を変えずに積を和に直すことができ，偏微分して結果をまとめることが容易になる。

$$\log L(\theta^1, \theta^2, \cdots, \theta^r) = \sum_{i=1}^{N} \log P(x_i; \theta^1, \theta^2, \cdots, \theta^r) \tag{3.85}$$

この $\log L(\theta^1, \theta^2, \cdots, \theta^r)$ を**対数尤度** (log-likelihood) と呼ぶ。このサンプル全体に対する対数尤度は，サンプル内の要素一つひとつに対応した対数尤度

$$\log P(x_i; \theta^1, \theta^2, \cdots, \theta^r), \qquad i = 1, 2, \cdots, N \tag{3.86}$$

の和で表されているため取扱いが容易になっている[†]。

このように統計的推定に有用な対数尤度を，τ-アファイン空間 $(\mathcal{M}_0, \mathcal{R}_\Omega, e_\tau)$ 上に，以下のように定義し

[†] ここまでの尤度と対数尤度に関する議論は，積を τ-積に，対数関数を τ-対数関数に置き換えることで，そのまま成立させることができる。積を τ-積に拡張したことで，独立性の概念が拡張されたのではないかと考えたくなるが，ものごとの依存関係を τ-積で指定したと考えるべきである。つまり，積を τ-積へ拡張することは，従属性が τ-積で表されるようなものを選択したと考えるべきである。

3. τ-アファイン空間

$$\overset{\tau}{\ell} = \overset{\tau}{\ell}(p) = \ln_\tau p = g(x) + \ln_\tau p_0 \in \mathcal{R}_\Omega \tag{3.87}$$

これを **τ-対数尤度**（τ-log-likelihood）と呼ぶことにする。

もともと，統計的推定問題などでは，パラメトリックな場合にはモデルとして選んだ分布のパラメータ推定やノンパラメトリックな場合には分布そのものの推定などを行うとき，データの背後に存在するはずの真の分布からモデルとして選択した確率分布もしくは推定された分布がどの程度離れているのかを評価し，それを最小にするようにパラメータや分布を推定する。τ-対数尤度は，原点に選んだ分布からモデルや推定された分布がどの程度離れているのかを τ-アファイン構造に基づいて評価しているので，対数尤度の対応物として相応しいものであると期待できる。

τ-アファイン空間 $(\mathcal{M}_0, \mathcal{R}_\Omega, e_\tau)$ を考えているので，$\mathcal{R}_\Omega$ から有限個の基底を選び，それらで張られているような部分空間を考えれば，その部分空間上に自然な座標系としてアファイン座標系を導入することができる。そこで，$\mathcal{P}$ の部分集合であるパラメトリックな確率分布の集合 $\check{\mathcal{P}}$ と $\mathcal{R}_\Omega$ の線形部分空間 $U_\Omega^{r+1}(\check{\mathcal{P}})$

$$U_\Omega^{r+1}(\check{\mathcal{P}}) = \{g(x) \,|\, g(x) = \theta^0 \check{p}_0^{1-\tau} + \theta^1 x + \theta^2 x^2 + \cdots + \theta^r x^r,\ \check{p}_0 \in \check{\mathcal{P}}\} \tag{3.88}$$

から構成される τ-アファイン部分空間 $(\check{\mathcal{P}} \times \mathbb{R}_+, U_\Omega^{r+1}(\check{\mathcal{P}}), e_\tau)$ について考えていく。ここで，x^i の上付き添字 i はべき指数である[†]。また，空間 $\check{\mathcal{P}} \times \mathbb{R}_+$ も正錐と呼ぶことにする。

また，非負可測関数 $\check{p}_0$（確率密度関数）のべき乗が基底として登場する理由は，以下のように τ-積を通常の積で書き直したとき，単純なスケール変換になるようにするためである。つまり，$\theta^i = 0,\ i = 1, 2, \cdots$ としたとき

$$p = \exp_\tau\left(\theta^0 \check{p}_0^{1-\tau}\right) \otimes_\tau \check{p}_0$$
$$= \left\{1 + (1-\tau)\theta^0 \check{p}_0^{1-\tau}\right\}^{\frac{1}{1-\tau}} \otimes_\tau \check{p}_0$$

[†] このように書けるということは，統計的には，i.i.d. サンプルが与えられたとき，各 x^i は対応するアファイン座標 θ^i の十分統計量になっていることを意味している。

$$= \left\{\check{p}_0^{1-\tau} + (1-\tau)\theta^0 \check{p}_0^{1-\tau}\right\}^{\frac{1}{1-\tau}}$$
$$= \left\{1 + (1-\tau)\theta^0\right\}^{\frac{1}{1-\tau}} \check{p}_0$$
$$= \exp_\tau(\theta^0)\check{p}_0 \tag{3.89}$$

のようになるので，$\theta^0 \check{p}_0^{1-\tau}$ の部分が，測度の大きさの変化を表すために追加された 1 次元（余次元）空間の座標とみなせることがわかる[†]．そこで

$$N_\tau(\check{\mathcal{P}}) = \left\{\theta^0 \check{p}_0^{1-\tau} \middle| \theta^0 \in \mathbb{R},\ \check{p}_0 \in \check{\mathcal{P}}\right\} \tag{3.90}$$

とし

$$V_\Omega^r = \left\{g(x)\,\middle|\,g(x) = \theta^1 x + \theta^2 x^2 + \cdots + \theta^r x^r\right\} \subset \mathcal{R}_\Omega \tag{3.91}$$

とすれば

$$U_\Omega^{r+1}(\check{\mathcal{P}}) = N_\tau(\check{\mathcal{P}}) \oplus V_\Omega^r \tag{3.92}$$

のように表すことができ

$$V_\Omega^r \cap N_\tau(\check{\mathcal{P}}) = \{0\} \tag{3.93}$$

である．

ここで，$\check{\mathcal{P}}$ の点を V_Ω^r の要素で平行移動して得られる点が，再び $\check{\mathcal{P}}$ の点になるように $\check{\mathcal{P}}$ へ射影することを考える．まず，τ-指数関数に関する以下の性質に注目する．

$$\frac{1}{C}\exp_\tau(g(x)) = \exp_\tau\left(C^{-(1-\tau)}(g(x) - \ln_\tau C)\right) \tag{3.94}$$

このとき

$$\int \exp_\tau\left(\sum_{i=1}^r \theta^i x^i\right) \otimes_\tau \check{p}_0\,\mathrm{d}x = C \tag{3.95}$$

とすれば

[†] 本来は，$\exp_\tau(\theta^0) \in \mathbb{R}_+$ なので，この $\exp_\tau(\theta^0)$ がスケール変換を表す座標になるが，τ の値に応じた 1 対 1 の対応関係があるので $\theta^0 \in \mathbb{R}$ を座標として考えていく．

3. τ-アファイン空間

$$\check{p} = \frac{1}{C}\left\{\exp_\tau\left(\sum_{i=1}^r \theta^i x^i\right) \otimes_\tau \check{p}_0\right\}$$

$$= \frac{1}{C}\exp_\tau\left(\sum_{i=1}^r \theta^i x^i + \ln_\tau \check{p}_0\right)$$

$$= \exp_\tau\left(C^{-(1-\tau)}\left(\left(\sum_{i=1}^r \theta^i x^i + \ln_\tau \check{p}_0\right) - \ln_\tau C\right)\right)$$

$$= \exp_\tau\left(C^{-(1-\tau)}\left(\sum_{i=1}^r \theta^i x^i - \psi_\tau(\theta^1,\cdots,\theta^r) + \ln_\tau \check{p}_0\right)\right) \quad (3.96)$$

となる。ただし

$$\psi_\tau(\theta^1,\cdots,\theta^r) = \ln_\tau C = \ln_\tau\left(\int \exp_\tau\left(\sum_{i=1}^r \theta^i x^i\right) \otimes_\tau \check{p}_0 \, \mathrm{d}x\right) \quad (3.97)$$

である。また、$\check{p}$ は、つぎのようにも表現できる。

$$\check{p} = \exp_\tau\left(\xi^i x^i + \xi^0 \check{p}_0^{1-\tau}\right) \otimes_\tau \check{p}_0 \quad (3.98)$$

ただし

$$\xi^i = C^{-(1-\tau)}\theta^i \quad (3.99)$$

$$\xi^0 = -C^{-(1-\tau)}\psi_\tau(\theta^1,\cdots,\theta^r) \quad (3.100)$$

である。さらに、引き続き $N_\tau(\check{\mathcal{P}})$ の要素で平行移動すると

$$p = \exp_\tau\left(\theta^0 \check{p}^{1-\tau}\right) \otimes_\tau \check{p} = \exp_\tau\left(\theta^0\right)\check{p} \quad (3.101)$$

となる。また、$U_\Omega^{r+1}(\check{\mathcal{P}})$ の要素で平行移動した後、定数倍（$1/B$ 倍）した場合には

$$\frac{1}{B}\left(\exp_\tau\left(\theta^0 \check{p}_0^{1-\tau} + \sum_{i=1}^r \theta^i x^i\right) \otimes_\tau \check{p}_0\right)$$

$$= \exp_\tau\left(\left(B^{-(1-\tau)}\theta^0\right)\check{p}_0^{1-\tau} + B^{-(1-\tau)}\left(\sum_{i=1}^r \theta^i x^i - \ln_\tau B + \ln_\tau \check{p}_0\right)\right) \quad (3.102)$$

となる。

3.3 アファイン座標系と τ-アファイン共役

今後は，パラメトリックな確率分布の集合 $\check{\mathcal{P}}$ の点を V_Ω^r の要素で平行移動して得られる点も再び $\check{\mathcal{P}}$ の要素になるようにしたいので，必ず規格化操作を実行することにする．つまり，$U_\Omega^{r+1}(\check{\mathcal{P}}) = N_\tau(\check{\mathcal{P}}) \oplus V_\Omega^r$ の要素による $\check{p}_0(x) \in \check{\mathcal{P}}$ の**順序付き平行移動** (parallel transport with normalization)

$$\check{p} = \exp_\tau\left(C^{-(1-\tau)} \left(\sum_{i=1}^r \theta^i x^i - \psi_\tau + \ln_\tau \check{p}_0 \right) \right) \tag{3.103}$$

$$p = \exp_\tau\left(\theta^0 \check{p}^{1-\tau} \right) \otimes_\tau \check{p} \tag{3.104}$$

ただし

$$\psi_\tau = \ln_\tau C = \ln_\tau \left(\int \exp_\tau \left(\sum_{i=1}^r \theta^i x^i \right) \otimes_\tau \check{p}_0 \, dx \right) \tag{3.105}$$

を考えていく．つまり，2段階に分けて $U_\Omega^{r+1}(\check{\mathcal{P}})$ の要素による平行移動を考えていくことにする．

このことは，τ-アファイン部分空間 $(\check{\mathcal{P}} \times \mathbb{R}_+, U_\Omega^{r+1}(\check{\mathcal{P}}), e_\tau)$ を二つの部分空間 $(\check{\mathcal{P}}, V_\Omega^r, e_\tau)$ と $(\check{\mathcal{P}} \times \mathbb{R}_+, N_\tau(\check{\mathcal{P}}), e_\tau)$ に分けて，まず $(\check{\mathcal{P}}, V_\Omega^r, e_\tau)$ 上で平行移動を考え，その後 $(\check{\mathcal{P}} \times \mathbb{R}_+, N_\tau(\check{\mathcal{P}}), e_\tau)$ 上で平行移動を行い，測度の大きさを変化させる[†1]ことに相当する．この二つの部分空間は

$$(\check{\mathcal{P}}, V_\Omega^r, e_\tau) \cap (\check{\mathcal{P}} \times \mathbb{R}_+, N_\tau(\check{\mathcal{P}}), e_\tau) = (\check{\mathcal{P}}, \{0\}, e_\tau) = \check{\mathcal{P}} \tag{3.106}$$

を満たすので，$\check{\mathcal{P}}$ 上での平行移動に関する τ-アファイン部分空間 $(\check{\mathcal{P}}, V_\Omega^r, e_\tau)$ と測度の大きさを変える τ-アファイン部分空間 $(\check{\mathcal{P}} \times \mathbb{R}_+, N_\tau(\check{\mathcal{P}}), e_\tau)$ とが**横断的に交わる** (intersect transversally)[†2]ことを期待させる．

今後は，τ-アファイン部分空間 $(\check{\mathcal{P}} \times \mathbb{R}_+, U_\Omega^{r+1}(\check{\mathcal{P}}), e_\tau)$ の点に対して，測度 $p(x)\,dx$ そのものは座標として考えずに，τ-対数尤度 $\overset{\tau}{\ell}(p)$ のほうを座標として考える．これは，先に述べたように統計的推定問題などでは，対数尤度のほう

[†1] 規格化を導入する前は，$(\check{\mathcal{P}}, V_\Omega^r, e_\tau)$ 上での平行移動と $(\check{\mathcal{P}} \times \mathbb{R}_+, N_\tau(\check{\mathcal{P}}), e_\tau)$ 上での平行移動は交換可能だったが，規格化を導入した後では交換しないので注意すること．

[†2] 可微分多様体 X の部分多様体 Y と Z が横断的に交わるとは，すべての $p \in Y \cap Z$ について $T_p X = T_p Y \oplus T_p Z$ が成立することである．

がより使いやすいということと，なにより指数型分布族の取扱いが非常に楽になるということを反映している．対数尤度を優先して考えるべき理由はさまざまあるが，要するに，τ-アファイン部分空間 $(\check{\mathcal{P}} \times \mathbb{R}_+, U_\Omega^{r+1}(\check{\mathcal{P}}), e_\tau)$ の点を p のように表したり $\overset{\tau}{\ell}(p)$ のように表したりするが，座標に関してはアファイン座標系を使うことにするので，$U_\Omega^{r+1}(\check{\mathcal{P}})$ の要素に対応する τ-対数尤度 $\overset{\tau}{\ell}(p)$ を座標として使用する．

3.3.2 スコア関数

スコア関数 (score function) とは，分布を特徴付けるパラメータで対数尤度を偏微分したものである．つまり，τ-アファイン部分空間 $(\check{\mathcal{P}} \times \mathbb{R}_+, U_\Omega^{r+1}(\check{\mathcal{P}}), e_\tau)$ では，平行移動量が線形部分空間 $U_\Omega^{r+1}(\check{\mathcal{P}})$ の要素で表されるので，パラメータ $(\theta^0, \theta^1, \cdots, \theta^r)$ で τ-対数尤度 $\overset{\tau}{\ell}$ を偏微分したものになる．

$$\overset{\tau}{\ell}_\alpha = \frac{\partial \overset{\tau}{\ell}}{\partial \theta^\alpha} = \frac{\partial \ln_\tau p}{\partial \theta^\alpha} = p^{1-\tau} \frac{\partial \log p}{\partial \theta^\alpha} \qquad (3.107)$$

ここで，添字 α は，$0, 1, 2, \cdots, r$ の範囲の値をとる．今後，ギリシャ文字の添字 $(\alpha, \beta, \gamma$ など$)$ は $0, 1, 2, \cdots, r$ の範囲の値をとり，ラテン文字の添字 $(i, j, k$ など$)$ は $1, 2, \cdots, r$ の範囲の値をとるものとする．

このとき，τ-アファイン部分空間 $(\check{\mathcal{P}} \times \mathbb{R}_+, U_\Omega^{r+1}(\check{\mathcal{P}}), e_\tau)$ は，二つの τ-アファイン部分空間により

$$(\check{\mathcal{P}} \times \mathbb{R}_+, U_\Omega^{r+1}(\check{\mathcal{P}}), e_\tau) = (\check{\mathcal{P}}, V_\Omega^r, e_\tau) \cup (\check{\mathcal{P}} \times \mathbb{R}_+, N_\tau(\check{\mathcal{P}}), e_\tau) \qquad (3.108)$$

のように表され

$$(\check{\mathcal{P}}, V_\Omega^r, e_\tau) \cap (\check{\mathcal{P}} \times \mathbb{R}_+, N_\tau(\check{\mathcal{P}}), e_\tau) = (\check{\mathcal{P}}, \{0\}, e_\tau) = \check{\mathcal{P}} \qquad (3.109)$$

を満たす[†]ので，この共通部分の $\check{\mathcal{P}}$ 上でスコア関数の評価を行うことにすれば，

[†] このとき $\exp_\tau(0) = 1$ なので，平行移動は，まず $\check{p}_0 = \exp_\tau(0)\check{p}_0 \in \check{\mathcal{P}} \times \mathbb{R}_+$ を V_Ω^r の要素で平行移動し $p_V \in \check{\mathcal{P}} \times \mathbb{R}_+$ を得る．この p_V を規格化した $\check{p} = \exp_\tau(0)\check{p} \in \check{\mathcal{P}} \times \mathbb{R}_+$ を $N_\tau(\check{\mathcal{P}})$ の要素でスケール変換することで $p \in \check{\mathcal{P}} \times \mathbb{R}_+$ を得る，という順番で行うことにしているので注意すること．

通常の確率分布に対するスコア関数の評価を得ることができる．つまり，$\theta^0 = 0$ でスコア関数を評価すると

$$\overset{\tau}{\ell}_0 = p^{1-\tau}\Big|_{\theta^0=0} = \check{p}^{1-\tau} \tag{3.110}$$

$$\overset{\tau}{\ell}_i = p^{1-\tau}\frac{\partial \log p}{\partial \theta^i}\Big|_{\theta^0=0} = \check{p}^{1-\tau}\frac{\partial \log \check{p}}{\partial \theta^i} \tag{3.111}$$

のようになる[†1]．これは，パラメトリックな確率測度の空間 $\check{\mathcal{P}}$ に対する接ベクトルを考えていることになっている．

つまり，このスコア関数が，τ-アファイン部分空間 $\left(\check{\mathcal{P}} \times \mathbb{R}_+, U_\Omega^{r+1}(\check{\mathcal{P}}), e_\tau\right)$ の接空間 $T_p U_\Omega^{r+1}$ の基底ベクトルになっていると考えたい．そこで，今後は，スコア関数は，θ^α に関して少なくとも C^2 級以上であること，また確率変数 x に関して少なくとも C^r 級であることを仮定し，さらに線形独立であるものと仮定する．すなわち，任意の θ^α に対して，任意の $x \in \mathbb{R}$[†2]で

$$\begin{vmatrix} \overset{\tau}{\ell}_0 & \overset{\tau}{\ell}_1 & \cdots & \overset{\tau}{\ell}_r \\ \dfrac{\mathrm{d}\overset{\tau}{\ell}_0}{\mathrm{d}x} & \dfrac{\mathrm{d}\overset{\tau}{\ell}_1}{\mathrm{d}x} & \cdots & \dfrac{\mathrm{d}\overset{\tau}{\ell}_r}{\mathrm{d}x} \\ \dfrac{\mathrm{d}^2\overset{\tau}{\ell}_0}{\mathrm{d}x^2} & \dfrac{\mathrm{d}^2\overset{\tau}{\ell}_1}{\mathrm{d}x^2} & \cdots & \dfrac{\mathrm{d}^2\overset{\tau}{\ell}_r}{\mathrm{d}x^2} \\ \vdots & \vdots & \ddots & \vdots \\ \dfrac{\mathrm{d}^r\overset{\tau}{\ell}_0}{\mathrm{d}x^r} & \dfrac{\mathrm{d}^r\overset{\tau}{\ell}_1}{\mathrm{d}x^r} & \cdots & \dfrac{\mathrm{d}^r\overset{\tau}{\ell}_r}{\mathrm{d}x^r} \end{vmatrix} \neq 0 \tag{3.112}$$

が成り立っているものと仮定する．すなわち，孤立点を除いて Wronskian が恒等的に 0 になることはないと仮定する．

[†1] ただし，$\overset{\tau}{\ell}_0$ に関しては，定義 3.3 で τ-アファイン共役を定義した後では，スケール変換の共役性により

$$\overset{\tau}{\ell}_0 = \mathrm{sgn}_W(\tau)\left(1+(1-s)\mathrm{sgn}_W\theta^0\right)^{\frac{s-\tau}{1-s}} \check{p}^{1-\tau}\Big|_{\theta^0=0} = \mathrm{sgn}_W(\tau)\check{p}^{1-\tau}$$

のようになるので注意が必要である．

[†2] ただし，孤立点では 0 になることがあっても構わない．

3.3.3 τ-アファイン共役

ここからは，平行移動の仕方を指定するパラメータ τ の値を，ある程度具体的に考えていく．つまり，$\tau = s$ とし，しばらくは $s \in [0, 1]$ として考えていく[†1]．また，$\tau = s$ で指定される τ-アファイン空間の共役空間として $\tau = 1 - s$ で指定される τ-アファイン空間を考える．このとき，$\tau = s = 1/3$ のときの共役な τ の値は $\tau = 1 - s = 2/3$ であり，$\tau = s = 2/3$ のときの共役な τ の値は $\tau = 1 - s = 1/3$ となるので，$\tau = s$ が $1/3$ なのか $\tau = 1 - s$ が $1/3$ なのか区別が付きにくくなってしまう．そこで，$\tau = s$ を表すのに B を使い，$\tau = 1 - s$ を表すのに S を使うことにする．つまり，B と S により τ-アファイン空間を区別することになるが，それと同時に τ の値を表す役目も持たせることにすれば $B + S = 1$ が成り立っていることになる[†2]．この共役を，**τ-アファイン共役**（τ-affine conjugate）と呼ぶことにする．τ-アファイン共役は，単に s を $1 - s$ に置き換えればよいが，$\theta^0 = 0$ のとき，それぞれの世界での τ の値に応じた平行移動の仕方（$\tau = s$ と $\tau = 1 - s$）で正錐 $\check{\mathcal{P}} \times \mathbb{R}_+$ の同一の点 p にたどり着くような平行移動が，アファイン空間の定義によりそれぞれの τ-アファイン空間内に一意に存在する[†3]ことにより，片方の世界のアファイン座標系でもう一方の世界を記述することができるようになる．

定義 3.3（τ-アファイン共役） $\tau = s$ で平行移動の仕方を定めたときに得られる τ-アファイン空間を $Body$ 世界と呼ぶ．$\check{\mathcal{P}}$ の任意の点 $\check{p}_0$ が，$Body$ 世界での平行移動により点 $\overset{B}{p} \in \check{\mathcal{P}} \times \mathbb{R}_+$ に移るとき，$\tau = 1 - s$ として得られる τ-アファイン空間での平行移動で得られる点を $\overset{S}{p}$ とすれば，アファイン空間の定義により $\overset{S}{p} = \overset{B}{p}$ を満たすような平行移動が $\tau = 1 - s$ の τ-アファイン空間に一意に存在する．この $\tau = 1 - s$ の τ-アファイン空間を

[†1] $s = 0$ または $s = 1$ は極限をとることで対応する．もちろん，s の値は負になっても 1 を超えても構わないが，べき型に拡張された関数の argument が負にならないように注意する必要がある．

[†2] B は $Body$ の頭文字であり，S は $Soul$ の頭文字である．二つ合わせて実在（$Real$）となるという語呂合わせである．

[†3] この $p \in \check{\mathcal{P}} \times \mathbb{R}_+$ は，規格化されているとは限らないことに注意すること．

3.3 アファイン座標系と τ-アファイン共役

$Soul$ 世界と呼ぶ。また、$Body$ 世界から $Soul$ 世界を得ること（またはその逆）を τ-アファイン共役という。

これ以降、$\overset{S}{p} = \overset{B}{p}$ で定まる正錐 $\tilde{\mathcal{P}} \times \mathbb{R}_+$ の点を単に p のように表すことにする。

τ-アファイン共役と後で導入する**縮約**（contraction）により、$Body$ 世界の**双対空間**（dual space）として $Soul$ 世界を見ることができるので、どちらをターゲット空間として選んでもよいが、今後はアファイン座標系を導入するためのターゲット空間としては $Body$ 世界のほうを選択する。そのため、$Soul$ 世界のほうの座標系は、$Body$ 世界のほうに導入された座標系により表されることになる。

さて、スケール変換を余次元として考えることで、新たにそれに対応した座標軸を導入したが、その座標 θ^0 が与えられたとき、スケール変換の大きさを得るための規則を $Body$ 世界を基準にして以下のように定める。

$$\text{スケール変換の大きさ} = \exp_s\bigl(\text{sgn}_W(\tau)\,\theta^0\bigr) \tag{3.113}$$

ただし

$$\text{sgn}_W(\tau) = \begin{cases} +1 & \text{for } \tau = B \\ -1 & \text{for } \tau = S \end{cases} \tag{3.114}$$

である。これは、$Body$ 世界で $s \to 1$ の極限をとったとき、得られるスケール変換の大きさ e^{θ^0} と τ-アファイン共役な $Soul$ 世界で得られるスケール変換の大きさ $e^{-\theta^0}$ が、このようにたがいに逆数の関係になるという要請から定められている。

この要請は、つぎの例を考えると出てくる。まず、$r = 2$ として q-正規分布を考える。このとき、スケール変換に関わる余次元を考慮することなく、素朴に Riemann 曲率テンソル $R_{ijk\ell}$ を求めてみると、その添字 $k\ell$ に関する反対称性が壊れていることがわかる。その反対称性を回復させるためにスケール変換に関わる余次元を利用しようとすると、式 (3.113) のようにスケール変換の大

きさを定義しなければならないことが導かれる。そこで，この事実を一般の r の場合に拡張して，スケール変換の大きさを式 (3.113) で定めることにしたのである。本書では，曲率までは扱わない（その手前の接続までを扱う）ので，これ以上の説明はせずに先に進むことにする。

ここで，τ-対数尤度を考える際に必要となるスケール変換に関わる余次元の座標は，$Body$ 世界では

$$\overset{B}{\theta^0} = \ln_s\left(\exp_s\left(\theta^0\right)\right) = \theta^0 \tag{3.115}$$

となり，$Soul$ 世界では

$$\overset{S}{\theta^0} = \ln_{1-s}\left(\exp_s\left(-\theta^0\right)\right) \tag{3.116}$$

となるので注意してほしい。

さて，$Body$ 世界の可測関数の線形部分空間 $U_B^{r+1}(\check{\mathcal{P}})$ を

$$U_B^{r+1}(\check{\mathcal{P}}) = \left\{ g_B(x) \,\middle|\, g_B(x) = \overset{B}{\theta^0} \check{p}^{1-s} + u_s\left(x; \overset{B}{\theta^1}, \cdots, \overset{B}{\theta^r}\right) \right\} \tag{3.117}$$

とする。ここで，平行移動の順番に従い，V_Ω^r の要素による平行移動の結果として得られる関数は

$$p_V = \exp_s\left(\sum_{i=1}^r \overset{B}{\theta^i} x^i\right) \otimes_s \check{p}_0 \tag{3.118}$$

のように与えられるので

$$\check{p} = \frac{1}{C} p_V = \exp_s\left(C^{s-1}\left(\sum_{i=1}^r \overset{B}{\theta^i} x^i - \psi_B + \ln_s \check{p}_0\right)\right) \tag{3.119}$$

であり

$$C = \exp_s(\psi_B) = \int \exp_s\left(\sum_{i=1}^r \overset{B}{\theta^i} x^i\right) \otimes_s \check{p}_0 \, \mathrm{d}x \tag{3.120}$$

3.3 アファイン座標系と τ-アファイン共役

である[†]。このとき，$\check{p} = \exp_s(u_s) \otimes_s \check{p}_0 = \exp_s(u_s + \ln_s \check{p}_0)$ のように表すことができたとすれば

$$u_s + \ln_s \check{p}_0 = C^{s-1} \left(\sum_{i=1}^{r} \overset{B}{\theta^i} x^i - \psi_B + \ln_s \check{p}_0 \right) \tag{3.121}$$

が成り立ち，これを

$$\begin{aligned}
C^{s-1} & \left(-\psi_B + \ln_s \check{p}_0 \right) - \ln_s \check{p}_0 \\
&= -C^{s-1} \psi_B - \left(1 - C^{s-1} \right) \ln_s \check{p}_0 \\
&= -C^{s-1} \psi_B - C^{s-1} \left(C^{1-s} - 1 \right) \frac{1}{1-s} \left(\check{p}_0^{1-s} - 1 \right) \\
&= -C^{s-1} \psi_B - C^{s-1} \ln_s C \left(\check{p}_0^{1-s} - 1 \right) \\
&= -C^{s-1} \psi_B - C^{s-1} \psi_B \left(\check{p}_0^{1-s} - 1 \right) \\
&= -C^{s-1} \psi_B \check{p}_0^{1-s}
\end{aligned} \tag{3.122}$$

に注意して解くことで，*Body* 世界でのスケール変換を除いた平行移動の量を表す u_s を

[†] この C は，通常の規格化因子とは異なるが，同様に規格化因子と呼ばれるものである。例えば，正規分布の場合では

$$\begin{aligned}
p(x; \mu, \sigma) &= \frac{1}{\sqrt{2\pi\sigma^2}} \exp\left(-\frac{(x-\mu)^2}{2\sigma^2} \right) \\
&= \frac{1}{\sqrt{2\pi\sigma^2}} \exp\left(\frac{-\mu^2}{2\sigma^2} \right) \exp\left(\frac{\mu}{\sigma^2} x + \left(-\frac{1}{2\sigma^2} \right) x^2 \right)
\end{aligned}$$

のように表すことができるので，通常の規格化因子 Z は

$$Z = \sqrt{2\pi\sigma^2}$$

であるが，ここでの規格化因子 C は

$$C = \sqrt{2\pi\sigma^2} \exp\left(\frac{\mu^2}{2\sigma^2} \right)$$

である。ここで，$\theta^1 = \dfrac{\mu}{2\sigma^2}$ と $\theta^2 = -\dfrac{1}{2\sigma^2}$ を定義すれば

$$\psi_B = \log C = \frac{\mu^2}{2\sigma^2} + \frac{1}{2} \log(2\pi\sigma^2) = -\frac{1}{4} \frac{\left(\theta^1\right)^2}{\theta^2} + \frac{1}{2} \log\left(-\frac{\pi}{\theta^2} \right)$$

が得られ，通常の情報幾何学で得られる結果が再現されていることがわかる。

$$u_s = C^{s-1}\left(\sum_{i=1}^r \overset{B}{\theta^i} x^i - \psi_B \check{p}_0^{1-s}\right) \tag{3.123}$$

のように求めることができる†。

一方、$U_B^{r+1}(\check{\mathcal{P}})$ の τ-アファイン共役な可測関数の線形部分空間 $U_S^{r+1}(\check{\mathcal{P}})$ は

$$U_S^{r+1}(\check{\mathcal{P}}) = \left\{ g_S(x) \,\middle|\, g_S(x) = \overset{S}{\theta^0} \check{p}^s + u_{1-s}\left(x; \overset{S}{\theta^1}, \cdots, \overset{S}{\theta^r}\right) \right\} \tag{3.124}$$

のようになる。

ただし、τ-アファイン共役の定義より $\overset{B}{p}_V = \overset{S}{p}_V = p_V$ なので、$\check{p}$ の Soul 世界での表現として

$$\check{p} = \frac{1}{C} p_V = \exp_{1-s}\left(C^{-s}\left(\sum_{i=1}^r \overset{S}{\theta^i} x^i - \psi_S + \ln_{1-s} \check{p}_0\right)\right) \tag{3.125}$$

が得られる。ここで

$$C = \int \exp_{1-s}\left(\sum_{i=1}^r \overset{S}{\theta^i} x^i\right) \otimes_{1-s} \check{p}_0 \,\mathrm{d}x = \exp_{1-s}(\psi_S) \tag{3.126}$$

$$\psi_S = \ln_{1-s}(\exp_s(\psi_B)) \tag{3.127}$$

である。このとき、$\check{p} = \exp_{1-s}(u_{1-s}) \otimes_{1-s} \check{p}_0 = \exp_{1-s}(u_{1-s} + \ln_{1-s} \check{p}_0)$ のようにも表すことができるので、Body 世界のときとまったく同様にして

$$u_{1-s} = C^{-s}\left(\sum_{i=1}^r \overset{S}{\theta^i} x^i - \check{p}_0^s \psi_S\right) \tag{3.128}$$

が得られる。

このように $\theta^0 = 0$ では、Body 世界でも Soul 世界でも同一の点 $\check{p}$ を表しているので、u_{1-s} は u_s を用いて

$$u_{1-s} = \ln_{1-s}(\exp_s(u_s + \ln_s \check{p}_0)) - \ln_{1-s} \check{p}_0 \tag{3.129}$$

---

† 式 (3.123) からも、$\check{p}_0$ を u_s だけ Body 世界で平行移動したものを再び確率密度関数に戻すためには、$(-\psi_B)\check{p}_0^{1-s}$ により定まるスケール変換を行う必要があるということがわかる。また、スケール変換に対応する十分統計量は $\check{p}_0^{1-s}$ の型で与えられることもわかる。

3.3 アファイン座標系と τ-アファイン共役

のように一意に表すことができる。

さらに，$\theta^0 = 0$ のとき，Body 世界では $u_s = 0$ の周りで展開すると

$$\check{p} = \check{p}_0 + \sum_{k=1}^{\infty} \frac{(-(1-s))^{k-1}}{k!} \frac{\Gamma\left(k - \dfrac{1}{1-s}\right)}{\Gamma\left(1 - \dfrac{1}{1-s}\right)} \check{p}_0^{1-(1-s)k} u_s^k$$

$$= \check{p}_0 + \check{p}_0^s u_s + \frac{1}{2} s \check{p}_0^{2s-1} u_s^2 + \cdots \tag{3.130}$$

となり，$u_s \to 0$ のとき $u_{1-s} \to 0$ なので，Soul 世界では

$$\check{p} = \check{p}_0 + \sum_{k=1}^{\infty} \frac{(-s)^{k-1}}{k!} \frac{\Gamma\left(k - \dfrac{1}{s}\right)}{\Gamma\left(1 - \dfrac{1}{s}\right)} \check{p}_0^{1-sk} u_{1-s}^k$$

$$= \check{p}_0 + \check{p}_0^{1-s} u_{1-s} + \frac{1}{2}(1-s) \check{p}_0^{1-2s} u_{1-s}^2 + \cdots \tag{3.131}$$

のように展開することができる。

つぎに，$\theta^0 \neq 0$ の場合を考える。τ-アファイン部分空間 $\left(\check{\mathcal{P}} \times \mathbb{R}_+, U_\Omega^{r+1}(\check{\mathcal{P}}), e_\tau\right)$ の要素でたがいに τ-アファイン共役であるようなものは，V_Ω^r の要素で平行移動した後で規格化して得られる確率密度関数を $\check{p}(x)$ とすれば

$$\overset{\tau}{p}(x) = \exp_\tau\left(\check{p}(x)^{1-\tau} \ln_\tau\left(\exp_s\left(\mathrm{sgn}_W(\tau)\,\theta^0\right)\right)\right) \otimes_\tau \check{p}(x)$$

$$= \exp_s\left(\mathrm{sgn}_W(\tau)\,\theta^0\right) \cdot \check{p}(x) \tag{3.132}$$

のように表すことができる。ただし，$\tau = s = B$ または $\tau = 1-s = S$ である。つまり，Body 世界と Soul 世界では，それぞれの τ の値を代入して

$$\overset{B}{p}(x) = \left(1 + (1-s)\theta^0\right)^{\frac{1}{1-s}} \check{p}(x) \tag{3.133}$$

$$\overset{S}{p}(x) = \left(1 - (1-s)\theta^0\right)^{\frac{1}{1-s}} \check{p}(x) \tag{3.134}$$

のようになっていることがわかる。

このとき，τ-対数尤度は $\overset{\tau}{\ell}(p) = \ln_\tau p(x)$ なので

$$\overset{\tau}{\ell}(p) = \check{p}(x)^{1-\tau} \ln_\tau \left(\exp_s (\mathrm{sgn}_W(\tau)\,\theta^0) \right) + \ln_\tau \check{p}(x) \tag{3.135}$$

となる。

座標系としては $Body$ 世界のものを採用するので，今後は $\overset{B}{\theta^\alpha}$ を単に θ^α と書くことにする。

まとめると，$\check{p}(x)$ は

$$\check{p}(x) = \exp_\tau \left(C^{-(1-\tau)} \left(\sum_{i=1}^r \theta^i x^i - \psi_\tau + \ln_\tau \check{p}_0 \right) \right) \tag{3.136}$$

のように表され，C は $\tau = B$ のときと $\tau = S$ のときで同じ値

$$C = \int \exp_\tau \left(\sum_{i=1}^r \theta^i x^i \right) \otimes_\tau \check{p}_0 \,\mathrm{d}x = \exp_\tau(\psi_\tau) \tag{3.137}$$

をとる。このため

$$\psi_B = \ln_s C \tag{3.138}$$

$$\exp_{1-s}(\psi_S) = \exp_s(\psi_B) \tag{3.139}$$

が成立している。

このとき，τ-対数尤度は，それぞれの世界でつぎのように与えられる。

$$\begin{aligned}
\overset{B}{\ell} &= \theta^0 \check{p}^{1-s} + \ln_s \check{p} \\
&= \theta^0 \check{p}^{1-s} + C^{s-1} \left(\sum_{i=1}^r \theta^i x^i - \psi_B + \ln_s \check{p}_0 \right)
\end{aligned} \tag{3.140}$$

$$\begin{aligned}
\overset{S}{\ell} &= \check{p}^s \ln_{1-s} \left(\exp_s(-\theta^0) \right) + \ln_{1-s} \check{p} \\
&= \check{p}^s \ln_{1-s} \left(\exp_s(-\theta^0) \right) \\
&\quad + \ln_{1-s} \left(\exp_s \left(C^{s-1} \left(\sum_{i=1}^r \theta^i x^i - \psi_B + \ln_s \check{p}_0 \right) \right) \right)
\end{aligned} \tag{3.141}$$

これからスコア関数とそれを微分したものを具体的に示していくが，そのための準備を行うことにする。まず

3.3 アファイン座標系と τ-アファイン共役

$$\frac{\partial \psi_B}{\partial \theta^i} = C^{-s} \frac{\partial C}{\partial \theta^i} \tag{3.142}$$

$$\check{p}^{1-s} - 1 = (1-s)\, C^{s-1} \left(\sum_{i=1}^{r} \theta^i x^i - \psi_B + \ln_s \check{p}_0 \right) \tag{3.143}$$

に注意すると

$$\frac{\partial \check{p}}{\partial \theta^i} = C^{s-1} \check{p}^s \left(x^i - \check{p}^{1-s} \frac{\partial \psi_B}{\partial \theta^i} \right) \tag{3.144}$$

が得られる。これから

$$\begin{aligned}
\int_\Omega \mathrm{d}x\, \frac{\partial \check{p}}{\partial \theta^i} &= \int_\Omega \mathrm{d}x\, C^{s-1} \check{p}^s \left(x^i - \check{p}^{1-s} \frac{\partial \psi_B}{\partial \theta^i} \right) \\
&= C^{s-1} \int_\Omega \mathrm{d}x \left(\check{p}^s x^i - \check{p} \frac{\partial \psi_B}{\partial \theta^i} \right) \\
&= C^{s-1} \left(\int_\Omega \mathrm{d}x\, \check{p}^s x^i - \frac{\partial \psi_B}{\partial \theta^i} \right)
\end{aligned} \tag{3.145}$$

が導かれる。

ここで，左辺の確率変数 x による積分とパラメータ θ^i による微分は交換できることを示すために，まず，**Lebesgue の収束定理**（Lebesgue's dominated convergence theorem）を示し，その後，積分と微分の交換に関する定理を証明する。

定理 3.2（Lebesgue の収束定理）　測度空間 $(S, \mathcal{F}, \mu)$ 上の可積分関数の列 $\{f_n\}_{n \in \mathbb{N}}$ と可測関数 f が

(i)　各点 $s \in S$ で，$\lim_{n \to \infty} f_n(s) = f(s)$

(ii)　任意の $n \in \mathbb{N}$ と任意の $s \in S$ に対して，非負の可積分関数 g が存在し，$|f_n(s)| \leqq g(s)$

を満たすとき，f も可積分であり

$$\lim_{n \to \infty} \int_S f_n \cdot \mu = \int_S f \cdot \mu$$

が成り立つ。

【証明】 条件 (ⅰ) と (ⅱ) より, 各点 $s \in S$ で $|f(s)| \leq g(s)$ なので, f も可積分関数となる. そこで, $h_n(s) = g(s) + f_n(s)$ とおくと, $\{h_n\}_{n \in \mathbb{N}}$ は非負の可測関数の列になっているので, Fatou の補題より

$$\liminf_{n \to \infty} \int_S (g + f_n) \cdot \mu \geq \int_S (g + f) \cdot \mu \tag{3.146}$$

が成り立つ. したがって

$$\liminf_{n \to \infty} \int_S f_n \cdot \mu \geq \int_S f \cdot \mu \tag{3.147}$$

が成り立つことになる. また, $k_n(s) = g(s) - f_n(s)$ とおくと, この $\{k_n\}_{n \in \mathbb{N}}$ もまた非負の可測関数の列になっているので, Fatou の補題より

$$\liminf_{n \to \infty} \int_S (g - f_n) \cdot \mu \geq \int_S (g - f) \cdot \mu \tag{3.148}$$

が成り立つ. したがって, $\liminf_{n \to \infty} \int_S (-f_n) \cdot \mu = -\limsup_{n \to \infty} \int_S f_n \cdot \mu$ であることに注意すれば

$$\limsup_{n \to \infty} \int_S f_n \cdot \mu \leq \int_S f \cdot \mu \tag{3.149}$$

が成り立つ. 以上のことから

$$\lim_{n \to \infty} \int_S f_n \cdot \mu = \int_S f \cdot \mu \tag{3.150}$$

が成り立つことが示された.

つぎに, 積分と微分の交換に関する定理を示す.

定理 3.3（積分と微分の交換） 測度空間 $(S, \mathcal{F}, \mu)$ と, $(a,b) \times S$ 上で定義された関数 $f(t,s)$ が, 以下の条件

(ⅰ) 各 $t \in (a,b)$ に対して, $f(t,s)$ は $s \in S$ の関数として可積分

(ⅱ) 各 $s \in S$ に対して, $f(t,s)$ は $t \in (a,b)$ の関数として微分可能

(ⅲ) S 上で定義された可積分関数 g が存在し

$$\left| \frac{df}{dt}(t,s) \right| \leq g(s)$$

3.3 アファイン座標系と τ-アファイン共役

を満たすとき

$$\int_S f(t,s) \cdot \mu(s)$$

は, $t \in (a,b)$ の関数として微分可能であり

$$\frac{\mathrm{d}}{\mathrm{d}t} \int_S f(t,s) \cdot \mu(s) = \int_S \frac{\mathrm{d}f}{\mathrm{d}t}(t,s) \cdot \mu(s)$$

が成り立つ。

【証明】 $t \in (a,b)$ のとき, $t+h \in (a,b)$ を満たす h に対して

$$F(t,s,h) = \frac{f(t+h,s) - f(t,s)}{h} \tag{3.151}$$

とおくと, 平均値の定理より $\theta \in (t, t+h)$ であるような θ が存在し, 各点 $s \in S$ で

$$|F(t,s,h)| = \left| \frac{\mathrm{d}f}{\mathrm{d}t}(\theta, s) \right| \leq g(s) \tag{3.152}$$

が成り立つ。このとき, $\{F(t,s,h)\}_{h>0}$ に対して, Lebesgue の収束定理を適用すると

$$\lim_{h \to 0+} \int_S F(t,s,h) \cdot \mu(s) = \int_S \frac{\mathrm{d}f}{\mathrm{d}t}(t,s) \cdot \mu(s) \tag{3.153}$$

となり示された。

$\diamondsuit$

さて, 今後は確率密度関数に関しては, 積分と微分の交換に関する定理 3.3 の条件 (i), (ii), (iii) がすべて満たされているものと仮定する。

したがって, 式 (3.145) の左辺の確率変数 x による積分とパラメータ θ^i による微分は交換できるので, $\int_\Omega \mathrm{d}x \frac{\partial \breve{p}}{\partial \theta^i} = \frac{\partial}{\partial \theta^i} \int_\Omega \mathrm{d}x\, \breve{p} = \frac{\partial}{\partial \theta^i} 1 = 0$ となり

$$\frac{\partial \psi_B}{\partial \theta^i} = \int_\Omega \mathrm{d}x\, \breve{p}^s x^i \tag{3.154}$$

が成り立っていることがわかる。これは, 規格化のために導入された ψ_B のアファイン座標 θ^i による微分が確率変数 x^i の期待値に比例していることを表している。また, 式 (3.144) より

$$\frac{\partial \log \check{p}}{\partial \theta^i} = C^{s-1} \check{p}^{s-1} \left(x^i - \check{p}^{1-s} \frac{\partial \psi_B}{\partial \theta^i} \right) \tag{3.155}$$

であることがわかるので，これを微分して整理することにより

$$(1-s) \frac{\partial \log \check{p}}{\partial \theta^i} \frac{\partial \log \check{p}}{\partial \theta^j} + \frac{\partial^2 \log \check{p}}{\partial \theta^i \partial \theta^j}$$

$$= -(1-s) C^{s-1} \left(\frac{\partial \psi_B}{\partial \theta^j} \frac{\partial \log \check{p}}{\partial \theta^i} + \frac{\partial \psi_B}{\partial \theta^i} \frac{\partial \log \check{p}}{\partial \theta^j} \right) - C^{s-1} \frac{\partial^2 \psi_B}{\partial \theta^i \partial \theta^j} \tag{3.156}$$

の関係が得られる。

τ-アファイン空間 $\left(\check{\mathcal{P}} \times \mathbb{R}_+, U_\Omega^{r+1}(\check{\mathcal{P}}), e_\tau \right)$ の点 $\check{p}$ での接空間を，$Body$ 世界に対しては $T_{\check{p}} U_B^{r+1} = T_{\check{p}} V_B^r \cup T_{\check{p}} N_B$，$Soul$ 世界では $T_{\check{p}} U_S^{r+1} = T_{\check{p}} V_S^r \cup T_{\check{p}} N_S$ のように表すことにする。

ここで，スコア関数 $\overset{\tau}{\ell}_\alpha = \dfrac{\partial \overset{\tau}{\ell}}{\partial \theta^\alpha}$ を求めると，接空間 $T_{\check{p}} U_B^{r+1}$ の基底ベクトルとして

$$\overset{B}{\ell}_0 = \check{p}^{1-s} \tag{3.157}$$

$$\overset{B}{\ell}_i = \left(1 + (1-s) \theta^0 \right) \check{p}^{1-s} \frac{\partial \log \check{p}}{\partial \theta^i} \tag{3.158}$$

が得られ，接空間 $T_{\check{p}} U_S^{r+1}$ の基底ベクトルとして

$$\overset{S}{\ell}_0 = - \left(1 - (1-s) \theta^0 \right)^{\frac{2s-1}{1-s}} \check{p}^s \tag{3.159}$$

$$\overset{S}{\ell}_i = \left(1 - (1-s) \theta^0 \right)^{\frac{s}{1-s}} \check{p}^s \frac{\partial \log \check{p}}{\partial \theta^i} \tag{3.160}$$

が得られる。また，アファイン座標 θ^α によるスコア関数の微分はつぎのように与えられる。$Body$ 世界では，接空間 $T_{\check{p}} U_B^{r+1}$ のベクトルとして

$$\overset{B}{\ell}_{00} = 0 \tag{3.161}$$

$$\overset{B}{\ell}_{0i} = \overset{B}{\ell}_{i0} = (1-s) \check{p}^{1-s} \frac{\partial \log \check{p}}{\partial \theta^i}$$

$$= (1-s) \left(1 + (1-s) \theta^0 \right)^{-1} \overset{B}{\ell}_i \tag{3.162}$$

3.3 アファイン座標系と τ-アファイン共役

$$\overset{B}{\ell}_{ij} = \left(1 + (1-s)\theta^0\right) \check{p}^{1-s} \left\{ (1-s) \frac{\partial \log \check{p}}{\partial \theta^i} \frac{\partial \log \check{p}}{\partial \theta^j} + \frac{\partial^2 \log \check{p}}{\partial \theta^i \partial \theta^j} \right\}$$

$$= -\left(1 + (1-s)\theta^0\right) C^{s-1} \frac{\partial^2 \psi_B}{\partial \theta^i \partial \theta^j} \overset{B}{\ell}_0$$

$$- (1-s) C^{s-1} \left(\frac{\partial \psi_B}{\partial \theta^j} \overset{B}{\ell}_i + \frac{\partial \psi_B}{\partial \theta^i} \overset{B}{\ell}_j \right) \tag{3.163}$$

のように与えられる。

一方,Soul 世界では,接空間 $T_{\check{p}} U_S^{r+1}$ のベクトルとして

$$\overset{S}{\ell}_{00} = (2s-1) \left(1 - (1-s)\theta^0\right)^{\frac{3s-2}{1-s}} \check{p}^s$$

$$= -(2s-1) \left(1 - (1-s)\theta^0\right)^{-1} \overset{S}{\ell}_0 \tag{3.164}$$

$$\overset{S}{\ell}_{0i} = \overset{S}{\ell}_{i0} = -s \left(1 - (1-s)\theta^0\right)^{\frac{2s-1}{1-s}} \check{p}^s \frac{\partial \log \check{p}}{\partial \theta^i}$$

$$= -s \left(1 - (1-s)\theta^0\right)^{-1} \overset{S}{\ell}_i \tag{3.165}$$

$$\overset{S}{\ell}_{ij} = \left(1 - (1-s)\theta^0\right)^{\frac{s}{1-s}} \check{p}^s \left\{ s \frac{\partial \log \check{p}}{\partial \theta^i} \frac{\partial \log \check{p}}{\partial \theta^j} + \frac{\partial^2 \log \check{p}}{\partial \theta^i \partial \theta^j} \right\}$$

$$= -\left(1 - (1-s)\theta^0\right) \left\{ (2s-1) \frac{\partial \log \check{p}}{\partial \theta^i} \frac{\partial \log \check{p}}{\partial \theta^j} - C^{s-1} \frac{\partial^2 \psi_B}{\partial \theta^i \partial \theta^j} \right\} \overset{S}{\ell}_0$$

$$- (1-s) C^{s-1} \left(\frac{\partial \psi_B}{\partial \theta^j} \overset{S}{\ell}_i + \frac{\partial \psi_B}{\partial \theta^i} \overset{S}{\ell}_j \right) \tag{3.166}$$

のように与えられる。

さて,たがいに τ-アファイン共役な Body 世界と Soul 世界の接空間 $T_{\check{p}} U_B^{r+1}$ と $T_{\check{p}} U_S^{r+1}$ の任意のベクトル $\overset{\tau}{\boldsymbol{a}}$ は,$\tau = B$ または $\tau = S$ ($\tau = s$ または $\tau = 1-s$) として

$$\overset{\tau}{\boldsymbol{a}} = a^0 \overset{\tau}{\ell}_0 + \sum_{i=1}^r a^i \overset{\tau}{\ell}_i \tag{3.167}$$

のように表すことができる。このとき

$$\overset{\tau}{\ell}_i = \mathrm{sgn}_W(\tau) \left(1 + \mathrm{sgn}_W(\tau)(1-s)\theta^0\right) \frac{\partial \log \check{p}}{\partial \theta^i} \overset{\tau}{\ell}_0 \tag{3.168}$$

が成り立っているので

$$\overset{\tau}{\boldsymbol{a}} = a^0 \overset{\tau}{\ell}_0 + \sum_{i=1}^{r} a^i \, \mathrm{sgn}_W(\tau) \left(1 + \mathrm{sgn}_W(\tau)(1-s)\theta^0\right) \frac{\partial \log \check{p}}{\partial \theta^i} \overset{\tau}{\ell}_0$$

$$= \left(a^0 + \mathrm{sgn}_W(\tau)\left(1 + \mathrm{sgn}_W(\tau)(1-s)\theta^0\right) \sum_{i=1}^{r} a^i \frac{\partial \log \check{p}}{\partial \theta^i} \right) \overset{\tau}{\ell}_0$$

(3.169)

のように表すこともできる。$\overset{\tau}{\ell}_0$ に比例しているからといって，$T_{\check{p}} N_\tau$ のベクトルとは限らないので注意が必要である。

4 経路順序確率

τ-アファイン構造においては，始点と終点を指定すれば平行移動量が一意に決定されるが，これを途中の点を経由して行う場合について考えてみる。つまり，平行移動の始点 p_0 から終点 p_F へ至るまでに，平行移動で直接たどり着いた場合と途中の点 p_V を経由した場合で，座標にどのような関係が生じるのかを考える。これにより，逐次的にパラメータ（母数，または自然座標）を更新するような関係式が得られるものと期待できる。ただし，ここでの表記は，条件付き確率と少々紛らわしくなっているので注意が必要である。

τ-アファイン構造においては，始点を p_0 とするとき確率密度関数は

$$\check{p} = \exp_s \left(C^{s-1} \left(\sum_{i=1}^{r} \theta^i x^i - \psi_B + \ln_s p_0 \right) \right) \tag{4.1}$$

で与えられるので

$$\xi^0 = -C^{s-1}\psi_B = \ln_s C^{-1} \tag{4.2}$$

$$\xi^i = C^{s-1}\theta^i \tag{4.3}$$

とおけば

$$\check{p} = \exp_s \left(\xi^0 p_0^{1-s} + \sum_{i=1}^{r} \xi^i x^i \right) \otimes_s p_0 \tag{4.4}$$

のように表すことができる。

ここで，p_0 はパラメータ ξ^0 と ξ^i を含まないので，式 (4.4) は確率変数のみに依存する部分とパラメータを含む部分とに分解されていることがわかる。そ

こで式 (4.4) を十分統計量の定義の拡張として考えれば, x^i と p_0^{1-s} は, それぞれ ξ^i と ξ^0 の十分統計量になっている。

さて, ここで τ-アファイン空間の点 p_0 を始点とした平行移動で得られる終点 $\check{p}_2$ に対して, まず始点 p_0 から平行移動により途中の点 $\check{p}_1$ を経由して終点 $\check{p}_2$ に至る場合を考える。このとき, どちらも同じ終点に到達するので, 始点 p_0 から平行移動により得られる途中の点 $\check{p}_1$ を

$$\check{p}_1 = \exp_s\left(\xi_1^0 p_0^{1-s} + \xi_1^i x^i\right) \otimes_s p_0 \tag{4.5}$$

として

$$\check{p}_2 = \exp_s\left(\xi_2^0 p_0^{1-s} + \xi_2^i x^i\right) \otimes_s p_0 = \exp_s\left(\xi_{2|1}^0 \check{p}_1^{1-s} + \xi_{2|1}^i x^i\right) \otimes_s \check{p}_1 \tag{4.6}$$

であることがわかる。この関係式に途中の点 $\check{p}_1$ の座標表示 (4.5) を代入すると

$$\begin{aligned}
\check{p}_2 &= \exp_s\left(\xi_{2|1}^0 \check{p}_1^{1-s} + \xi_{2|1}^i x^i\right) \otimes_s \check{p}_1 \\
&= \exp_s\left(\xi_{2|1}^0 \left(p_0^{1-s} + (1-s)\left(\xi_1^0 p_0^{1-s} + \xi_1^i x^i\right)\right) + \xi_{2|1}^i x^i\right) \\
&\quad \otimes_s \exp_s\left(\xi_1^0 p_0^{1-s} + \xi_1^i x^i\right) \otimes_s p_0 \\
&= \exp_s\Bigg(\left(\xi_{2|1}^0 + \xi_1^0 + (1-s)\xi_{2|1}^0 \xi_1^0\right) p_0^{1-s} \\
&\qquad + \left(\xi_{2|1}^i + \xi_1^i + (1-s)\xi_{2|1}^0 \xi_1^i\right) x^i\Bigg) \otimes_s p_0 \tag{4.7}
\end{aligned}$$

のように整理できる。これと終点 $\check{p}_2$ の座標表示 (4.6) とを比較することで

$$\xi_2^0 = \xi_{2|1}^0 + \xi_1^0 + (1-s)\xi_{2|1}^0 \xi_1^0 \tag{4.8}$$

$$\xi_2^i = \xi_{2|1}^i + \xi_1^i + (1-s)\xi_{2|1}^0 \xi_1^i \tag{4.9}$$

であることが要求される。要するに, $\alpha = 0, 1, 2, \cdots, r$ として

$$\Delta^\alpha = \xi_2^\alpha - \xi_1^\alpha = \xi_{2|1}^\alpha + (1-s)\xi_{2|1}^0 \xi_1^\alpha \tag{4.10}$$

の分だけ，途中の経由点 $\check{p}_1$ の座標 $\left(\xi_1^0, \xi_1^1, \xi_1^2, \cdots, \xi_1^r\right)$ を変化させなければならないのである．ここで，式 (4.6) は

$$\check{p}_2 = \exp_s\left(\xi_{2|1}^0 \check{p}_1^{1-s} + \xi_{2|1}^i x^i\right) \otimes_s \check{p}_1 = \check{p}_1 \exp_s\left(\xi_{2|1}^0 + \xi_{2|1}^i x^i \check{p}_1^{s-1}\right) \tag{4.11}$$

のようにも表すことができる．そこで，**経路順序確率** (path ordered probability) として

$$\check{p}_{2|1} = \exp_s\left(\xi_{2|1}^0 + \xi_{2|1}^i x^i \check{p}_1^{s-1}\right) \tag{4.12}$$

を定義すれば

$$\check{p}_2 = \check{p}_1 \check{p}_{2|1} \tag{4.13}$$

のように途中の点 $\check{p}_1$ を経由した場合の終点 $\check{p}_2$ を表すことができる．

ただし，これは確率変数に関する条件付き確率とは異なるものであり，確率分布を指定する座標（母数）の変換則を簡潔に表したものであることに注意する必要がある．つまり，母数を逐次的に推定するような場合の更新式として考えるべきである．

5 縮約と計量

τ-アファイン構造に対して，τ-アファイン共役による双対な空間との組を考える．つまり，$\tau = s$ (Body) と $\tau = 1-s$ (Soul) の値を持った1組のアファイン空間について考える．このとき，スコア関数の形から，Body 世界での量と Soul 世界での量を単純に掛けて，確率変数について積分すれば，通常の統計量（Fisher 情報量）が得られることは，すぐにわかる．そこで，この関係を一般化して，Body 世界での量と Soul 世界での量を単純に掛けて，確率変数について積分する演算を縮約として定義する．これにより，Fisher 計量や双対接続などがτ-アファイン空間に導入されることになる．この双対接続は，Koszul 接続であることも示される．また，接空間を Fisher 計量に基づいて直和空間に分解できることも示される．さらに，この直和空間への分解が役に立つ例として，Cramér-Rao の不等式がどのようにして得られるのかを具体的に示すことにする．

5.1 縮約

ベクトル空間 $U_\Omega^{r+1}(\tilde{\mathcal{P}})$ 上の関数を，可測空間 $(\Omega, \mathcal{F})$ 上で定義された可測関数と同一視する[†]．このとき，平行移動 e_τ に応じて Body 世界の関数と Soul 世界の可測関数が得られることになる．これらを，それぞれ Body 世界の量，Soul 世界の量と簡単に呼ぶことにする．

Body 世界の量と Soul 世界の量が，τ-アファイン共役な関係にあることを利

[†] 一般に，確率密度関数のべき乗が付加されることになる．

用して，縮約という操作

$$\langle \bullet | \bullet \rangle : U_S^{r+1}(\check{\mathcal{P}}) \times U_B^{r+1}(\check{\mathcal{P}}) \to \mathbb{R} \tag{5.1}$$

をつぎのように定義する[†1]。

$$\langle Soul\,世界の量 | Body\,世界の量 \rangle$$
$$= \int_\Omega \mathrm{d}x\,(Soul\,世界の量)\,(Body\,世界の量) \tag{5.2}$$

このように定義することで，たがいに τ-アファイン共役な関係にある $Body$ 世界と $Soul$ 世界の量の組に期待値として実数値（$Real$）を与えることになる。

5.2　計　　　量

スコア関数[†2]は $\theta^0 = 0$ とおくことで，点 $\check{p}(x)$ における接空間 $T_{\check{p}}U_\Omega^{r+1}$ の基底ベクトルとみなせるので，接空間 $T_{\check{p}}U_\Omega^{r+1}$ 上に縮約を用いて**計量**（metric）を

$$g_{\alpha\beta} = \left\langle \begin{matrix} S \\ \ell_\alpha \end{matrix} \middle| \begin{matrix} B \\ \ell_\beta \end{matrix} \right\rangle \tag{5.3}$$

のように導入する。まず，g_{00} は

$$\begin{aligned}
g_{00} &= \left\langle \begin{matrix} S \\ \ell_0 \end{matrix} \middle| \begin{matrix} B \\ \ell_0 \end{matrix} \right\rangle \bigg|_{\theta^0=0} \\
&= \int \mathrm{d}x \left\{ -\left(1-(1-s)\,\theta^0\right)^{\frac{2s-1}{1-s}} \check{p}^s \right\} \check{p}(x)^{1-s} \bigg|_{\theta^0=0} \\
&= -\left(1-(1-s)\,\theta^0\right)^{\frac{2s-1}{1-s}} \int \mathrm{d}x\,\check{p}(x) \bigg|_{\theta^0=0} \\
&= -\left(1-(1-s)\,\theta^0\right)^{\frac{2s-1}{1-s}} \bigg|_{\theta^0=0} \\
&= -1
\end{aligned} \tag{5.4}$$

[†1] 今後，積分領域を表す Ω は省略する。
[†2] スコア関数はつねに線形独立であると仮定している。

のように求めることができる。つぎに, g_{0i} は

$$g_{0i} = \left\langle \ell_0^S \middle| \ell_i^B \right\rangle$$

$$= \int \mathrm{d}x \left\{ -\left(1-(1-s)\,\theta^0\right)^{\frac{2s-1}{1-s}} \check{p}^s \right\}$$

$$\times \left\{ \left(1+(1-s)\,\theta^0\right) \check{p}(x)^{1-s} \frac{\partial \log \check{p}(x)}{\partial \theta^i} \right\}$$

$$= -\left(1-(1-s)\,\theta^0\right)^{\frac{2s-1}{1-s}} \left(1+(1-s)\,\theta^0\right) \int \mathrm{d}x \frac{\partial \check{p}(x)}{\partial \theta^i}$$

$$= -\left(1-(1-s)\,\theta^0\right)^{\frac{2s-1}{1-s}} \left(1+(1-s)\,\theta^0\right) \frac{\partial}{\partial \theta^i} \int \mathrm{d}x\, \check{p}(x)$$

$$= 0 \tag{5.5}$$

であり†, g_{i0} は

$$g_{i0} = \left\langle \ell_i^S \middle| \ell_0^B \right\rangle$$

$$= \int \mathrm{d}x \left\{ \left(1-(1-s)\,\theta^0\right)^{\frac{s}{1-s}} \check{p}(x)^s \frac{\partial \log \check{p}(x)}{\partial \theta^i} \right\} \check{p}(x)^{1-s}$$

$$= \left(1-(1-s)\,\theta^0\right)^{\frac{s}{1-s}} \int \mathrm{d}x \frac{\partial \check{p}(x)}{\partial \theta^i}$$

$$= \left(1-(1-s)\,\theta^0\right)^{\frac{s}{1-s}} \frac{\partial}{\partial \theta^i} \int \mathrm{d}x\, \check{p}(x)$$

$$= 0 \tag{5.6}$$

なので, $g_{0i} = g_{i0} = 0$ であることがわかる。つぎに, g_{ij} は

$$g_{ij} = \left\langle \ell_i^S \middle| \ell_j^B \right\rangle \bigg|_{\theta^0=0}$$

$$= \int \mathrm{d}x \left\{ \left(1-(1-s)\,\theta^0\right)^{\frac{s}{1-s}} \check{p}(x)^s \frac{\partial \log \check{p}(x)}{\partial \theta^i} \right\}$$

---

† $\int \mathrm{d}x\, \check{p}(x) = 1$ なので, $\frac{\partial}{\partial \theta^i} \int \mathrm{d}x\, \check{p}(x) = \frac{\partial}{\partial \theta^i} 1 = 0$ となる。

$$\times \left\{ \left(1 + (1-s)\,\theta^0\right) \check{p}(x)^{1-s} \frac{\partial \log \check{p}(x)}{\partial \theta^i} \right\} \bigg|_{\theta^0 = 0}$$

$$= \left(1 - (1-s)\,\theta^0\right)^{\frac{s}{1-s}} \left(1 + (1-s)\,\theta^0\right)$$

$$\times \int \mathrm{d}x\,\check{p}(x) \frac{\partial \log \check{p}(x)}{\partial \theta^i} \frac{\partial \log \check{p}(x)}{\partial \theta^j} \bigg|_{\theta^0 = 0}$$

$$= \left(1 - (1-s)\,\theta^0\right)^{\frac{s}{1-s}} \left(1 + (1-s)\,\theta^0\right) \left(g^{Fisher}\right)_{ij} \bigg|_{\theta^0 = 0}$$

$$= \left(g^{Fisher}\right)_{ij} \tag{5.7}$$

となり，Fisher 情報行列が得られる．これは，もちろん添字 i と j について対称である．まとめると，計量は

$$(g_{\alpha\beta}) = \left(\begin{array}{c|ccc} -1 & 0 & \cdots & 0 \\ \hline 0 & \left(g^{Fisher}\right)_{11} & \cdots & \left(g^{Fisher}\right)_{1r} \\ \vdots & \vdots & \ddots & \vdots \\ 0 & \left(g^{Fisher}\right)_{r1} & \cdots & \left(g^{Fisher}\right)_{rr} \end{array}\right) \tag{5.8}$$

のようになり，物理でおなじみの不定計量になっている†．今後，この計量 $(g_{\alpha\beta})$ の逆行列を $(g^{\alpha\beta})$ のように上付き添字を用いて表すことにする．

さて，式 (3.154)

$$\frac{\partial \psi_B}{\partial \theta^i} = \int \check{p}^s x^i \mathrm{d}x \tag{5.9}$$

を θ^j で微分して，式 (3.144) と式 (3.154) を用いることにより

$$\frac{\partial^2 \psi_B}{\partial \theta^i \partial \theta^j} = \int \left(s \check{p}^{s-1} \frac{\partial \check{p}}{\partial \theta^j} \right) x^i \mathrm{d}x$$

$$= \int s \check{p}^{s-1} \left\{ \check{p}^s C^{s-1} \left(x^j - \check{p}^{1-s} \frac{\partial \psi_B}{\partial \theta^j} \right) \right\} x^i \mathrm{d}x$$

---

† この計量の形からも，他分野との関わりの強さが想像できるが，後の章で $\theta^0 = 0$ とは限らない場合を取り扱うと，さらに他分野との関わりが見えてくる．

$$= s\, C^{s-1} \int \check{p}^{2s-1} \left(x^j - \check{p}^{1-s} \frac{\partial \psi_B}{\partial \theta^j} \right) x^i \mathrm{d}x$$

$$= s\, C^{s-1} \left(\int \check{p}^{2s-1} x^j x^i \, \mathrm{d}x - \frac{\partial \psi_B}{\partial \theta^j} \int \check{p}^s x^i \, \mathrm{d}x \right)$$

$$= s\, C^{s-1} \left(\int \check{p}^{2s-1} x^i x^j \, \mathrm{d}x - \frac{\partial \psi_B}{\partial \theta^i} \frac{\partial \psi_B}{\partial \theta^j} \right) \tag{5.10}$$

が得られる。一方,式 (3.155) を用いると

$$\overset{B}{\ell}_i = \left(1 + (1-s)\theta^0\right) C^{s-1} \left(x^i - \check{p}^{1-s} \frac{\partial \psi_B}{\partial \theta^i} \right) \tag{5.11}$$

$$\overset{S}{\ell}_i = \left(1 - (1-s)\theta^0\right)^{\frac{s}{1-s}} C^{s-1} \check{p}^{2s-1} \left(x^i - \check{p}^{1-s} \frac{\partial \psi_B}{\partial \theta^i} \right) \tag{5.12}$$

なので

$$g_{ij} = \left\langle \overset{S}{\ell}_i \middle| \overset{B}{\ell}_j \right\rangle$$

$$= \left(1 - (1-s)\theta^0\right)^{\frac{s}{1-s}} \left(1 + (1-s)\theta^0\right) C^{2(s-1)}$$

$$\times \int \mathrm{d}x\, \check{p}^{2s-1} \left(x^i - \check{p}^{1-s} \frac{\partial \psi_B}{\partial \theta^i} \right) \left(x^j - \check{p}^{1-s} \frac{\partial \psi_B}{\partial \theta^j} \right)$$

$$= \left(1 - (1-s)\theta^0\right)^{\frac{s}{1-s}} \left(1 + (1-s)\theta^0\right) C^{2(s-1)}$$

$$\times \int \mathrm{d}x \left\{ \check{p}^{2s-1} x^i x^j - (\check{p}^s x^i) \frac{\partial \psi_B}{\partial \theta^j} - (\check{p}^s x^j) \frac{\partial \psi_B}{\partial \theta^i} + \check{p} \frac{\partial \psi_B}{\partial \theta^i} \frac{\partial \psi_B}{\partial \theta^j} \right\}$$

$$= \left(1 - (1-s)\theta^0\right)^{\frac{s}{1-s}} \left(1 + (1-s)\theta^0\right) C^{2(s-1)}$$

$$\times \left(\int \mathrm{d}x\, \check{p}^{2s-1} x^i x^j - \frac{\partial \psi_B}{\partial \theta^i} \frac{\partial \psi_B}{\partial \theta^j} \right) \tag{5.13}$$

のような関係式が得られる。したがって,式 (5.10) より

$$\left(1 - (1-s)\theta^0\right)^{\frac{s}{1-s}} \left(1 + (1-s)\theta^0\right) \frac{\partial^2 \psi_B}{\partial \theta^i \partial \theta^j}$$

$$= s\, C^{1-s} g_{ij}$$

$$= s\, C^{1-s} \left(1 - (1-s)\theta^0\right)^{\frac{s}{1-s}} \left(1 + (1-s)\theta^0\right) \left(g^{Fisher}\right)_{ij} \tag{5.14}$$

となることがわかる。これより

$$\frac{\partial^2 \psi_B}{\partial \theta^i \partial \theta^j} = s\, C^{1-s} \left(g^{Fisher}\right)_{ij} \tag{5.15}$$

であることが示された。つまり，規格化のために導入された関数 ψ_B（これをポテンシャル関数（potential function）ともいう）の 2 階微分は，Fisher 計量から得られるコンフォーマル計量（conformal metric）を与えている。

さて，式 (5.10) を θ^k で微分すれば

$$\frac{\partial^3 \psi_B}{\partial \theta^i \partial \theta^j \partial \theta^k}$$
$$= s\, C^{s-1} \Bigg\{ (2s-1)\, C^{s-1} \left(\int \check{p}^{3s-2} x^i x^j x^k \, \mathrm{d}x - \frac{\partial \psi_B}{\partial \theta^i} \frac{\partial \psi_B}{\partial \theta^j} \frac{\partial \psi_B}{\partial \theta^k} \right)$$
$$- \frac{\partial \psi_B}{\partial \theta^i} \frac{\partial^2 \psi_B}{\partial \theta^j \partial \theta^k} - \frac{\partial \psi_B}{\partial \theta^j} \frac{\partial^2 \psi_B}{\partial \theta^k \partial \theta^i} - \frac{\partial \psi_B}{\partial \theta^k} \frac{\partial^2 \psi_B}{\partial \theta^i \partial \theta^j} \Bigg\} \tag{5.16}$$

が得られる。また，式 (3.142) を用いることで

$$s\, C^{1-s} \frac{\partial g_{ij}}{\partial \theta^k} = \left(1 - (1-s)\theta^0\right)^{\frac{s}{1-s}} \left(1 + (1-s)\theta^0\right)$$
$$\times \left\{ \frac{\partial^3 \psi_B}{\partial \theta^i \partial \theta^j \partial \theta^k} - (1-s)\, C^{s-1} \frac{\partial \psi_B}{\partial \theta^k} \frac{\partial^2 \psi_B}{\partial \theta^i \partial \theta^j} \right\} \tag{5.17}$$

が得られる。さらに，式 (5.16) と式 (5.10) を用いると

$$s\, C^{1-s} \left\langle \ell^S_{ij} \middle| \ell^B_k \right\rangle = \left(1 - (1-s)\theta^0\right)^{\frac{s}{1-s}} \left(1 + (1-s)\theta^0\right)$$
$$\times \left\{ \frac{\partial^3 \psi_B}{\partial \theta^i \partial \theta^j \partial \theta^k} + (1-s)\, C^{s-1} \frac{\partial \psi_B}{\partial \theta^k} \frac{\partial^2 \psi_B}{\partial \theta^i \partial \theta^j} \right\} \tag{5.18}$$

を得ることができ，式 (3.154) と式 (5.10) を用いると

$$s\, C^{1-s} \left\langle \ell^S_k \middle| \ell^B_{ij} \right\rangle = \left(1 - (1-s)\theta^0\right)^{\frac{s}{1-s}} \left(1 + (1-s)\theta^0\right)$$
$$\times \left\{ -(1-s)\, C^{s-1} \left(\frac{\partial \psi_B}{\partial \theta^i} \frac{\partial^2 \psi_B}{\partial \theta^j \partial \theta^k} + \frac{\partial \psi_B}{\partial \theta^j} \frac{\partial^2 \psi_B}{\partial \theta^k \partial \theta^i} \right) \right\}$$
$$\tag{5.19}$$

が成り立つことを示すことができる．これらの関係を用いると

$$s\,C^{1-s}\left\langle{S\atop \ell_{ij}}\middle|{B\atop \ell_k}\right\rangle - s\,C^{1-s}\left\langle{S\atop \ell_k}\middle|{B\atop \ell_{ij}}\right\rangle$$

$$= \left(1-(1-s)\,\theta^0\right)^{\frac{s}{1-s}}\left(1+(1-s)\,\theta^0\right)\times\left\{\frac{\partial^3\psi_B}{\partial\theta^i\partial\theta^j\partial\theta^k}\right.$$

$$\left.+(1-s)\,C^{-(1-s)}\left(\frac{\partial\psi_B}{\partial\theta^i}\frac{\partial^2\psi_B}{\partial\theta^j\partial\theta^k}+\frac{\partial\psi_B}{\partial\theta^j}\frac{\partial^2\psi_B}{\partial\theta^k\partial\theta^i}+\frac{\partial\psi_B}{\partial\theta^k}\frac{\partial^2\psi_B}{\partial\theta^i\partial\theta^j}\right)\right\}$$

(5.20)

であることが導かれる．

これらの関係式から，$\left\langle{S\atop \ell_{ij}}\middle|{B\atop \ell_k}\right\rangle$ と $\left\langle{S\atop \ell_k}\middle|{B\atop \ell_{ij}}\right\rangle$ は，添字 (i,j,k) について完全対称な量でたがいに関係していることがわかる．そのうえ，計量 g_{ij} の定義より

$$\left\langle{S\atop \ell_{ki}}\middle|{B\atop \ell_j}\right\rangle + \left\langle{S\atop \ell_i}\middle|{B\atop \ell_{jk}}\right\rangle = \frac{\partial g_{ij}}{\partial\theta^k} \qquad (5.21)$$

が成り立つ[†]ので，計量的な双対接続を $\left\langle{S\atop \ell_{ki}}\middle|{B\atop \ell_j}\right\rangle$ と $\left\langle{S\atop \ell_i}\middle|{B\atop \ell_{jk}}\right\rangle$ で定義すればよさそうに思えるが，実際，これらは **Koszul 接続**（Koszul connection）と一致していることが後で示される．

通常の情報幾何学で与えられる**双対接続**（dual connection）との比較のために，式 (3.158)，(3.160)，(3.163)，(3.166) を用いてつぎのような表現を与えることもできる．

$$\left\langle{S\atop \ell_i}\middle|{B\atop \ell_{jk}}\right\rangle = \left(1-(1-s)\,\theta^0\right)^{\frac{s}{1-s}}\left(1+(1-s)\,\theta^0\right)$$

$$\times\int\mathrm{d}x\left\{(1-s)\,\check{p}\,\frac{\partial\log\check{p}}{\partial\theta^i}\frac{\partial\log\check{p}}{\partial\theta^j}\frac{\partial\log\check{p}}{\partial\theta^k}+\frac{\partial\log\check{p}}{\partial\theta^i}\frac{\partial^2\log\check{p}}{\partial\theta^j\partial\theta^k}\right\}$$

(5.22)

$$\left\langle{S\atop \ell_{ki}}\middle|{B\atop \ell_j}\right\rangle = \left(1-(1-s)\,\theta^0\right)^{\frac{s}{1-s}}\left(1+(1-s)\,\theta^0\right)$$

$$\times\int\mathrm{d}x\left\{s\,\check{p}\,\frac{\partial\log\check{p}}{\partial\theta^i}\frac{\partial\log\check{p}}{\partial\theta^j}\frac{\partial\log\check{p}}{\partial\theta^k}+\frac{\partial\log\check{p}}{\partial\theta^j}\frac{\partial^2\log\check{p}}{\partial\theta^k\partial\theta^i}\right\} \quad (5.23)$$

[†] 添字の順番に注意すること．

これを見ると, $\theta^0 = 0$ のとき, $\alpha = 2s - 1$ とおくことで通常の双対接続が得られていることがわかるが, α と s の役割はまったく異なることに注意する必要がある. ここでの s は, 平行移動の仕方を決定し確率密度関数の関数型まで決定し, さらにはダイバージェンスやエントロピーまで決定しているが, パラメータ α にはそのような役割はなく単に 1-接続と (-1)-接続をつないでいるにすぎない. 残りの接続は, つぎのようになる.

$$\left\langle \ell_0^S \middle| \ell_{00}^B \right\rangle = 0 \tag{5.24}$$

$$\left\langle \ell_0^S \middle| \ell_{i0}^B \right\rangle = \left\langle \ell_0^S \middle| \ell_{0i}^B \right\rangle = 0 \tag{5.25}$$

$$\left\langle \ell_0^S \middle| \ell_{ij}^B \right\rangle = s \left(1 - (1-s)\theta^0\right)^{\frac{2s-1}{1-s}} \left(1 + (1-s)\theta^0\right) \left(g^{Fisher}\right)_{ij} \tag{5.26}$$

$$\left\langle \ell_i^S \middle| \ell_{00}^B \right\rangle = 0 \tag{5.27}$$

$$\left\langle \ell_i^S \middle| \ell_{j0}^B \right\rangle = \left\langle \ell_i^S \middle| \ell_{0j}^B \right\rangle = (1-s)\left(1 - (1-s)\theta^0\right)^{\frac{s}{1-s}} \left(g^{Fisher}\right)_{ij} \tag{5.28}$$

$$\left\langle \ell_{00}^S \middle| \ell_0^B \right\rangle = (2s-1)\left(1 - (1-s)\theta^0\right)^{\frac{3s-2}{1-s}} \tag{5.29}$$

$$\left\langle \ell_{i0}^S \middle| \ell_0^B \right\rangle = \left\langle \ell_{0i}^S \middle| \ell_0^B \right\rangle = 0 \tag{5.30}$$

$$\left\langle \ell_{ij}^S \middle| \ell_0^B \right\rangle = -(1-s)\left(1 - (1-s)\theta^0\right)^{\frac{s}{1-s}} \left(g^{Fisher}\right)_{ij} \tag{5.31}$$

$$\left\langle \ell_{00}^S \middle| \ell_i^B \right\rangle = 0 \tag{5.32}$$

$$\left\langle \ell_{j0}^S \middle| \ell_i^B \right\rangle = \left\langle \ell_{0j}^S \middle| \ell_i^B \right\rangle$$
$$= -s\left(1 - (1-s)\theta^0\right)^{\frac{2s-1}{1-s}} \left(1 + (1-s)\theta^0\right) \left(g^{Fisher}\right)_{ij} \tag{5.33}$$

これらの結果を添字の順番に気を付けながら組み合わせることにより

$$\left\langle \overset{S}{\ell}_{\gamma\alpha} \middle| \overset{B}{\ell}_{\beta} \right\rangle + \left\langle \overset{S}{\ell}_{\alpha} \middle| \overset{B}{\ell}_{\gamma\beta} \right\rangle = \frac{\partial g_{\alpha\beta}}{\partial \theta^{\gamma}} \tag{5.34}$$

が成り立っていることを確認することができる。つまり，ここでの計量の定義と，それに基づいて接続を

$$\Gamma_{\gamma\beta,\alpha} = \left\langle \overset{S}{\ell}_{\alpha} \middle| \overset{B}{\ell}_{\gamma\beta} \right\rangle \tag{5.35}$$

$$\Gamma^*_{\gamma\alpha,\beta} = \left\langle \overset{S}{\ell}_{\gamma\alpha} \middle| \overset{B}{\ell}_{\beta} \right\rangle \tag{5.36}$$

のように定義すれば，この接続は**捩れ**（torsion）を持たず，式 (5.34) で表される**計量的**（計量的接続：metric connection）と呼ばれる性質を満たしている。

さて，$\theta^0 = 0$ で計量を評価すると，計量 g は Fisher 計量 g^{Fisher} に一致し，このとき計量は平行移動の仕方から独立である，つまり平行移動の仕方を指定するパラメータ τ に依存しないということがわかる。

つぎに，縮約により定義された計量を用いて $Body$ 世界内での内積と $Soul$ 世界内での内積をそれぞれ定義する。まず，τ は B または S であるとし，点 $\check{p} \in \check{\mathcal{P}} \times \mathbb{R}_+$ における $Body$ 世界での接空間を $T_{\check{p}} U_B^{r+1}$ で表し，$Soul$ 世界での接空間を $T_{\check{p}} U_S^{r+1}$ のように表すことにする。また，$\check{\mathcal{P}} \times \mathbb{R}_+$ と U_τ^{r+1} は，τ-対数尤度を通して同一視できるので，この事実も利用することにする。

このとき，$T_{\check{p}} U_\tau^{r+1}$ の任意の二つの基底ベクトル $\overset{\tau}{\ell}_\alpha$ と $\overset{\tau}{\ell}_\beta$ に対して内積を縮約を用いてつぎのように定める。

$$g\left(\overset{\tau}{\ell}_\alpha, \overset{\tau}{\ell}_\beta\right) = \left\langle \overset{S}{\ell}_\alpha \middle| \overset{B}{\ell}_\beta \right\rangle = g_{\alpha\beta} \tag{5.37}$$

また，二つのベクトル場 $X, Y : U_\tau^{r+1} \to TU_\tau^{r+1}$ が与えられたとき，点 $\check{p}$ でのベクトルはつぎのように定まる。

$$X\left(\overset{\tau}{\ell}\right) = \sum_{\alpha=0}^{r} X^\alpha \overset{\tau}{\ell}_\alpha \tag{5.38}$$

$$Y\left(\overset{\tau}{\ell}\right) = \sum_{\alpha=0}^{r} Y^\alpha \overset{\tau}{\ell}_\alpha \tag{5.39}$$

これらのベクトルの $T_{\vec{p}} U_\tau^{r+1}$ 上での内積は

$$g\left(X\binom{\tau}{\ell}, Y\binom{\tau}{\ell}\right) = \sum_{\alpha,\beta=0}^{r} g_{\alpha\beta} X^\alpha Y^\beta \tag{5.40}$$

のように与えられる。この関係を利用して，$T_{\vec{p}} U_\tau^{r+1}$ の双対空間，すなわち余接空間 $T_{\vec{p}}^* U_\tau^{r+1}$ の基底ベクトルをつぎのように定めることができる[†]。

$$\overset{\tau}{\ell}{}^\alpha = \sum_{\beta=0}^{r} g^{\alpha\beta} \overset{\tau}{\ell}_\beta \tag{5.41}$$

ただし，$(g^{\alpha\beta})$ は計量 $(g_{\alpha\beta})$ の逆行列である。この定義は，例えば

$$\left\langle \overset{S}{\ell}_\gamma \middle| \overset{B}{\ell}{}^\alpha \right\rangle = \left\langle \overset{S}{\ell}_\gamma \middle| \sum_{\beta=0}^{r} g^{\alpha\beta} \overset{B}{\ell}_\beta \right\rangle = \sum_{\beta=0}^{r} g^{\alpha\beta} \left\langle \overset{S}{\ell}_\gamma \middle| \overset{B}{\ell}_\beta \right\rangle = \sum_{\beta=0}^{r} g^{\alpha\beta} g_{\gamma\beta}$$

$$= \delta_\gamma^\alpha \tag{5.42}$$

が成立するように定められている。したがって，余接空間 $T_{\vec{p}}^* U_\tau^{r+1}$ 上での内積は

$$g^*\left(\overset{\tau}{\ell}{}^\alpha, \overset{\tau}{\ell}{}^\beta\right) = \left\langle \overset{S}{\ell}{}^\alpha \middle| \overset{B}{\ell}{}^\beta \right\rangle = \left\langle \sum_{\delta=0}^{r} g^{\alpha\delta} \overset{S}{\ell}_\delta \middle| \sum_{\gamma=0}^{r} g^{\beta\gamma} \overset{B}{\ell}_\gamma \right\rangle$$

$$= \sum_{\delta,\gamma=0}^{r} g^{\alpha\delta} g^{\beta\gamma} \left\langle \overset{S}{\ell}_\delta \middle| \overset{B}{\ell}_\gamma \right\rangle = \sum_{\delta,\gamma=0}^{r} g^{\alpha\delta} g^{\beta\gamma} g_{\delta\gamma}$$

$$= \sum_{\delta=0}^{r} g^{\alpha\delta} \delta_\delta^\beta = g^{\alpha\beta} \tag{5.43}$$

のようになっていることが確かめられる。

5.3 Koszul 接続と双対接続

ここで，接空間 TU_Ω^{r+1} 上に τ-アファイン構造に基づいた双対接続 $\overset{B}{\nabla}$ と $\overset{S}{\nabla}$ を Koszul の恒等式により導入する。

[†] 添字の上下に注意すること。また，同じ τ の値で定まる世界で定義されていることにも注意すること。

5. 縮約と計量

まず, 任意のベクトル場 $X: U_\tau^{r+1} \to TU_\tau^{r+1}$

$$X = \sum_{\alpha=0}^{r} X^\alpha \frac{\partial}{\partial \theta^\alpha} \tag{5.44}$$

は, 点 $\tilde{p}$ における接空間 $T_{\tilde{p}} U_\tau^{r+1}$ の基底ベクトルが $\left\{ \overset{\tau}{\ell}_0, \overset{\tau}{\ell}_1, \cdots, \overset{\tau}{\ell}_r \right\}$ なので

$$X\left(\overset{\tau}{\ell}\right) = \sum_{\alpha=0}^{r} X^\alpha \overset{\tau}{\ell}_\alpha \in T_{\tilde{p}} U_\tau^{r+1} \tag{5.45}$$

のように表すことができる。ただし, X^α は $(\theta^0, \theta^1, \cdots, \theta^r)$ の関数であり, $X\left(\overset{\tau}{\ell}\right)$ は確率変数と $(\theta^0, \theta^1, \cdots, \theta^r)$ の関数になっている。

今後のために, **Einstein の和の規約**（Einstein summation convention）を採用することにする。特に意識してもらいたいときを除いて, 和をとる記号 $\sum$ を書かないようにしていく。つまり, 上下に同じ添字が現れたときには, その添字の動く範囲についてつねに和をとるものとする。また, 上下に繰り返し現れる添字がギリシャ文字の場合には, 和をとる範囲は 0 から r までであり, ラテン文字の場合には, 1 から r までであるので注意すること。例えば

$$X^{\alpha\beta ij} Y_{\alpha\gamma k} \text{ は,} \quad \sum_{\alpha=0}^{r} X^{\alpha\beta ij} Y_{\alpha\gamma k} \text{ のことであり,}$$

$$X^{\alpha\beta ik} Y_{\gamma\delta k} \text{ は,} \quad \sum_{k=1}^{r} X^{\alpha\beta ik} Y_{\gamma\delta k} \text{ のことである。}$$

また, 上下に同じ添字が現れていても, 和をとらずに単なる掛け算になっている状況を表すときには, その都度指摘する[†]。

さらに, ベクトル X の変化率がベクトル Y に沿った向きではどのくらいかを表す記号として, 微分幾何学で採用されることの多い $\overset{\tau}{\nabla}_Y X$ ではなく

$$\overset{\tau}{\nabla} X(Y) \tag{5.46}$$

[†] 物理では, 上下に同じ添字が現れているにも関わらず, 和をとらないときには, 添字を大文字にして表すこともある。つまり, $X^{Aij\alpha} Y_{Ak\beta}$ は上下に同じ添字 A が現れているけれども大文字なので, 単なる掛け算であり, 添字 A について和はとらない。

5.3 Koszul 接続と双対接続

を用いることにする[†1]。これにより変化量の線形性を強調することができ，外形に意味を明確に反映することができる。

このとき，式 (5.46) はつぎのように計算できる[†2]。

$$\overset{\tau}{\nabla} X(Y) = \mathrm{d}X(Y) + X^\alpha \overset{\tau}{\nabla} \frac{\partial}{\partial \theta^\alpha}(Y)$$

$$= Y^\gamma \left(\frac{\partial X^\alpha}{\partial \theta^\beta} \mathrm{d}\theta^\beta \otimes \frac{\partial}{\partial \theta^\alpha} \right) \left(\frac{\partial}{\partial \theta^\gamma} \right) + X^\alpha Y^\beta \overset{\tau}{\nabla} \frac{\partial}{\partial \theta^\alpha} \left(\frac{\partial}{\partial \theta^\beta} \right)$$

$$= Y^\gamma \frac{\partial X^\alpha}{\partial \theta^\beta} \mathrm{d}\theta^\beta \left(\frac{\partial}{\partial \theta^\gamma} \right) \frac{\partial}{\partial \theta^\alpha} + X^\alpha Y^\beta \overset{\tau}{\Gamma}{}^\gamma_{\alpha\beta} \frac{\partial}{\partial \theta^\gamma}$$

$$= Y^\gamma \frac{\partial X^\alpha}{\partial \theta^\beta} \delta^\beta_\gamma \frac{\partial}{\partial \theta^\alpha} + X^\alpha Y^\beta \overset{\tau}{\Gamma}{}^\gamma_{\alpha\beta} \frac{\partial}{\partial \theta^\gamma}$$

$$= \left(\frac{\partial X^\gamma}{\partial \theta^\beta} + \overset{\tau}{\Gamma}{}^\gamma_{\alpha\beta} X^\alpha \right) Y^\beta \frac{\partial}{\partial \theta^\gamma} \tag{5.47}$$

ただし

$$\mathrm{d}\theta^\beta \left(Y^\gamma \frac{\partial}{\partial \theta^\gamma} \right) = Y^\gamma \mathrm{d}\theta^\beta \left(\frac{\partial}{\partial \theta^\gamma} \right) = Y^\gamma \delta^\beta_\gamma = Y^\beta \tag{5.48}$$

$$\overset{\tau}{\nabla} \frac{\partial}{\partial \theta^\alpha} \left(\frac{\partial}{\partial \theta^\beta} \right) = \overset{\tau}{\Gamma}{}^\gamma_{\alpha\beta} \frac{\partial}{\partial \theta^\gamma} \tag{5.49}$$

である[†3]。また，点 $\check{p}$ を与えると

$$\overset{\tau}{\nabla} \frac{\partial}{\partial \theta^\alpha} \left(\frac{\partial}{\partial \theta^\beta} \right) \left(\overset{\tau}{\ell} \right) = \overset{\tau}{\Gamma}{}^\gamma_{\alpha\beta} \overset{\tau}{\ell}_\gamma \tag{5.50}$$

となり，関数になる。

さて，接空間 $T_{\check{p}} U^{r+1}_\Omega$ は，アファイン部分空間 $\left(\check{\mathcal{P}} \times \mathbb{R}_+, U^{r+1}_\Omega(\check{\mathcal{P}}), e_\tau \right)$ と各点で同型なので，平坦な捩れのない空間である。そこで，Koszul の恒等式を用いて接続を定義することにする。

[†1] 関数 f の変化率（全微分）がベクトル $\boldsymbol{v}$ に沿った向きではどのくらいかを表す量が，$\mathrm{d}f(\boldsymbol{v})$ と表されることに対応した定義である。

[†2] 和をとる添字は，単に和をとるためだけに使用されるので，和をとる範囲さえ誤解がないように注意しておけば何を用いてもよく，自由に変更することができる。例えば，$A^i B_i$ を $A^k B_k$ としてもまったく問題はない。

[†3] $\mathrm{d}f(V) = \dfrac{\partial f}{\partial \theta^\alpha} \mathrm{d}\theta^\alpha(V) = V^\beta \dfrac{\partial f}{\partial \theta^\alpha} \mathrm{d}\theta^\alpha \left(\dfrac{\partial}{\partial \theta^\beta} \right) = V^\beta \dfrac{\partial f}{\partial \theta^\alpha} \delta^\alpha_\beta = V^\alpha \dfrac{\partial f}{\partial \theta^\alpha} = V(f)$

5. 縮約と計量

ベクトル場 X, Y, Z が与えられたとき, τ-アファイン構造に適した形に Koszul の恒等式[†1]を拡張すると

$$g\left(X, \overset{B}{\nabla}W(V)\right) + g\left(\overset{S}{\nabla}W(V), X\right)$$

$$= Vg(W, X) + Wg(V, X) - Xg(V, W)$$

$$- g(V, [W, X]) - g(W, [V, X]) + g(X, [V, W]) \qquad (5.51)$$

のようになる。

Koszul の恒等式は,計量が平行移動で保存されるという条件

$$\frac{\partial g_{\alpha\beta}}{\partial \theta^\gamma} = \overset{S}{\Gamma}{}^\delta_{\alpha\gamma} g_{\delta\beta} + \overset{B}{\Gamma}{}^\delta_{\beta\gamma} g_{\delta\alpha} \qquad (5.52)$$

と,捩率(れい)が 0 という条件

$$\overset{\tau}{\nabla}W(V) - \overset{\tau}{\nabla}V(W) = [V, W] \qquad (5.53)$$

を統合することで導出されるものである。$\overset{S}{\Gamma}{}^\delta_{\alpha\gamma}$ と $\overset{B}{\Gamma}{}^\delta_{\beta\gamma}$ が登場する理由は,片方だけでは通常の Koszul の恒等式を成立させることができないためである。両方の接続を考えると, τ-アファイン構造に適した形に Koszul の恒等式を拡張することで成立させることができる。これは, $\tau = B = S = 1/2$ のときを除いて

$$\left\langle Z\left(X\binom{S}{\ell}\right) \middle| Y\binom{B}{\ell} \right\rangle \neq \left\langle Y\binom{S}{\ell} \middle| Z\left(X\binom{B}{\ell}\right) \right\rangle \qquad (5.54)$$

となるためである[†2]。

ベクトル場 X と Y の点 $\tilde{p}$ における内積が縮約を用いて

$$g(X, Y) = \left\langle X\binom{S}{\ell} \middle| Y\binom{B}{\ell} \right\rangle = \left\langle Y\binom{S}{\ell} \middle| X\binom{B}{\ell} \right\rangle \qquad (5.55)$$

[†1] 通常の Koszul の恒等式は, $\overset{B}{\nabla} = \overset{S}{\nabla}$ とおくことで得られる。

[†2] 例えば,左辺からは $\overset{S}{\ell}$ の 2 階微分の項から s に比例した項が現れ,右辺からは $\overset{B}{\ell}$ の 2 階微分の項から $1-s$ に比例した項が現れるので, $s = 1/2$ のときを除いて,異なる結果を与えることになる。

のように表されることに注意して，拡張された Koszul の恒等式の両辺を計算してみると，式 (5.51) の左辺は

$$\left\langle X\binom{S}{\ell} \middle| \left(\overset{B}{\nabla}W(V)\right)\binom{B}{\ell}\right\rangle + \left\langle\left(\overset{S}{\nabla}W(V)\right)\binom{S}{\ell}\middle| X\binom{B}{\ell}\right\rangle \quad (5.56)$$

となる．つぎに，式 (5.51) の右辺を計算するために少し準備をする．

$$\left\langle W\binom{S}{\ell}\middle| X\left(V\binom{B}{\ell}\right)\right\rangle - \left\langle X\left(V\binom{S}{\ell}\right)\middle| W\binom{B}{\ell}\right\rangle$$
$$+ \left\langle W\left(V\binom{S}{\ell}\right)\middle| X\binom{B}{\ell}\right\rangle - \left\langle X\binom{S}{\ell}\middle| W\left(V\binom{B}{\ell}\right)\right\rangle$$
$$= \int dx\, W^\alpha X^\beta V^\gamma A_{\alpha\beta\gamma} \quad (5.57)$$

とおくと，すべての可能な添字の組 (α,β,γ) について

$$A_{00\gamma} = 0 \quad (5.58)$$

$$A_{0i0} = -A_{i00} = (2s-1)\check{p}\frac{\partial \log \check{p}}{\partial \theta^i} \quad (5.59)$$

$$A_{0ij} = -A_{i0j} = -2\check{p}\left(\frac{\partial \log \check{p}}{\partial \theta^i}\frac{\partial \log \check{p}}{\partial \theta^j} + \frac{\partial^2 \log \check{p}}{\partial \theta^i \partial \theta^j}\right) \quad (5.60)$$

$$A_{ij\gamma} = -A_{ji\gamma} = 0 \quad (5.61)$$

となることを単純な計算で確かめることができるので，積分を実行すれば式 (5.57) の値は 0 となることがわかる．したがって，式 (5.51) の右辺は

$$V\left\langle W\binom{S}{\ell}\middle| X\binom{B}{\ell}\right\rangle + W\left\langle V\binom{S}{\ell}\middle| X\binom{B}{\ell}\right\rangle$$
$$- X\left\langle V\binom{S}{\ell}\middle| W\binom{B}{\ell}\right\rangle - \left\langle V\binom{S}{\ell}\middle| [W,X]\binom{B}{\ell}\right\rangle$$
$$- \left\langle W\binom{S}{\ell}\middle| [V,X]\binom{B}{\ell}\right\rangle + \left\langle X\binom{S}{\ell}\middle| [V,W]\binom{B}{\ell}\right\rangle$$
$$= \left\langle X\binom{S}{\ell}\middle| V\left(W\binom{B}{\ell}\right)\right\rangle + \left\langle V\left(W\binom{S}{\ell}\right)\middle| X\binom{B}{\ell}\right\rangle$$

$$+\left\langle W\binom{S}{\ell} \middle| X\left(V\binom{B}{\ell}\right)\right\rangle - \left\langle X\left(V\binom{S}{\ell}\right) \middle| W\binom{B}{\ell}\right\rangle$$

$$+\left\langle W\left(V\binom{S}{\ell}\right) \middle| X\binom{B}{\ell}\right\rangle - \left\langle X\binom{S}{\ell} \middle| W\left(V\binom{B}{\ell}\right)\right\rangle$$

$$= \left\langle X\binom{S}{\ell} \middle| V\left(W\binom{B}{\ell}\right)\right\rangle + \left\langle V\left(W\binom{S}{\ell}\right) \middle| X\binom{B}{\ell}\right\rangle \quad (5.62)$$

となる。よって

$$\left\langle X\binom{S}{\ell} \middle| \left(\overset{B}{\nabla}W(V)\right)\binom{B}{\ell}\right\rangle + \left\langle \left(\overset{S}{\nabla}W(V)\right)\binom{S}{\ell} \middle| X\binom{B}{\ell}\right\rangle$$

$$= \left\langle X\binom{S}{\ell} \middle| V\left(W\binom{B}{\ell}\right)\right\rangle + \left\langle V\left(W\binom{S}{\ell}\right) \middle| X\binom{B}{\ell}\right\rangle \quad (5.63)$$

が得られる。この関係式が任意のベクトル場 X に対して成り立つことから

$$\left(\overset{B}{\nabla}W(V)\right)\binom{B}{\ell} = V\left(W\binom{B}{\ell}\right) \tag{5.64}$$

$$\left(\overset{S}{\nabla}W(V)\right)\binom{S}{\ell} = V\left(W\binom{S}{\ell}\right) \tag{5.65}$$

を得る。つまり、$\tau = B$ または $\tau = S$ として

$$\left(\overset{\tau}{\nabla}W(V)\right)\binom{\tau}{\ell} = V\left(W\binom{\tau}{\ell}\right) \tag{5.66}$$

である。これで Koszul 接続が得られた。この式の左辺は、先に計算したように

$$\overset{\tau}{\nabla}W(V)\binom{\tau}{\ell} = dW(V)\binom{\tau}{\ell} + W^\gamma \overset{\tau}{\nabla}\frac{\partial}{\partial\theta^\gamma}(V)\binom{\tau}{\ell}$$

$$= V^\alpha \frac{\partial W^\gamma}{\partial \theta^\alpha} \overset{\tau}{\ell}_\gamma + W^\beta V^\alpha \overset{\tau}{\Gamma}{}^\gamma_{\beta\alpha} \overset{\tau}{\ell}_\gamma \tag{5.67}$$

となり、右辺は

$$V\left(W\binom{\tau}{\ell}\right) = dW(V)\binom{\tau}{\ell} + V^\alpha W^\beta \overset{\tau}{\ell}_{\beta\alpha} \tag{5.68}$$

となるので

$$\overset{\tau}{\ell}_{\beta\alpha} = \overset{\tau}{\Gamma}{}^\gamma_{\beta\alpha} \overset{\tau}{\ell}_\gamma \tag{5.69}$$

であることがわかる。これは，$\overset{\tau}{\ell}_{\beta\alpha}$ が接空間 $T_{\tilde{p}}U_\tau^{r+1}$ のベクトルであることを示している。この関係式を用いて，すべての添字が下付きの $\overset{\tau}{\Gamma}_{\alpha\beta,\gamma}$ をつぎのように定義する。

$$\overset{B}{\Gamma}_{\alpha\beta,\gamma} = \left\langle \overset{S}{\ell}_\gamma \middle| \overset{B}{\ell}_{\alpha\beta} \right\rangle_p = \overset{B}{\Gamma}{}^\delta_{\alpha\beta}\, g_{\delta\gamma} \tag{5.70}$$

$$\overset{S}{\Gamma}_{\alpha\beta,\gamma} = \left\langle \overset{S}{\ell}_{\alpha\beta} \middle| \overset{B}{\ell}_\gamma \right\rangle_p = \overset{S}{\Gamma}{}^\delta_{\alpha\beta}\, g_{\delta\gamma} \tag{5.71}$$

これらの量についてはすでに計算済みであり，そのときに Koszul 接続と一致していることについて触れたが，以上のことから，実際に Koszul 接続になっていることが確かめられた。

5.4 接空間 $T_{\tilde{p}}\mathcal{R}_\Omega$ の直交分解

これまでは，τ-アファイン空間を定義する際に必要な平行移動量を表すベクトル空間[†1] $\mathcal{R}_\Omega$ の部分空間 U_Ω^{r+1} を用いて考えてきた。ここでは，全空間である $\mathcal{R}_\Omega$ について考えることで，確率変数のたかだか r 次までは等しくてもそれより高次では異なるようなベクトルが，どのような空間を構成しているのかについて調べていく。

さて，縮約は，τ-アファイン共役な関係にある量について定義されている。つまり，$Body$ 世界の量と $Soul$ 世界の量の組を与えることで定義されていることに注意して，接空間[†2] $T_{\tilde{p}}\mathcal{R}_\Omega$ の直交分解について考える。このとき，直交性は縮約を用いて定義された内積により与えられる。

まず，平行移動の仕方（$\tau = B$ または $\tau = S$）に応じて，それぞれ 2 種類の写像 $\overset{\tau}{\pi}_{\tilde{p}}$ と $\left(\mathrm{id} - \overset{\tau}{\pi}_{\tilde{p}}\right)$ を定義する。$f \in T_{\tilde{p}}\mathcal{R}_\Omega$ のとき，$Body$ 世界に対して

[†1] 要するに，可測関数から構成される関数空間のことである。
[†2] 可測関数から構成される線形空間 $\mathcal{R}_\Omega$ と接空間 $T_{\tilde{p}}\mathcal{R}_\Omega$ とは同型であることに注意する。

5. 縮約と計量

$$\overset{B}{f}_\| = \overset{B}{\pi}_{\breve{p}}(f) = g^{00}\left\langle\overset{S}{\ell}_0\middle|f\right\rangle\overset{B}{\ell}_0 + \sum_{i,j=1}^{r} g^{ij}\left\langle\overset{S}{\ell}_j\middle|f\right\rangle\overset{B}{\ell}_i \quad (5.72)$$

$$\overset{B}{f}_\perp = \left(\mathrm{id} - \overset{B}{\pi}_{\breve{p}}\right)(f) = f - g^{00}\left\langle\overset{S}{\ell}_0\middle|f\right\rangle\overset{B}{\ell}_0 - \sum_{i,j=1}^{r} g^{ij}\left\langle\overset{S}{\ell}_j\middle|f\right\rangle\overset{B}{\ell}_i \quad (5.73)$$

を定義し，Soul 世界に対して

$$\overset{S}{f}_\| = \overset{S}{\pi}_{\breve{p}}(f) = g^{00}\left\langle f\middle|\overset{B}{\ell}_0\right\rangle\overset{S}{\ell}_0 + \sum_{i,j=1}^{r} g^{ij}\left\langle f\middle|\overset{B}{\ell}_j\right\rangle\overset{S}{\ell}_i \quad (5.74)$$

$$\overset{S}{f}_\perp = \left(\mathrm{id} - \overset{S}{\pi}_{\breve{p}}\right)(f) = f - g^{00}\left\langle f\middle|\overset{B}{\ell}_0\right\rangle\overset{S}{\ell}_0 - \sum_{i,j=1}^{r} g^{ij}\left\langle f\middle|\overset{B}{\ell}_j\right\rangle\overset{S}{\ell}_i \quad (5.75)$$

を定義する。ただし，$\overset{\tau}{\mathrm{id}}$ は以下のように恒等写像を表している。

$$\overset{\tau}{\mathrm{id}} : T_{\breve{p}}\mathcal{R}_\Omega \to T_{\breve{p}}\mathcal{R}_\Omega : f \mapsto f \quad (5.76)$$

以下で，縮約による内積に基づいて，ここで定義された 2 種類の写像 $\overset{\tau}{\pi}_{\breve{p}}$ と $\left(\mathrm{id} - \overset{\tau}{\pi}_{\breve{p}}\right)$ が直交分解を与えることを示す。

まず，Body 世界の場合について考える。$\overset{B}{f}_\|$ は，スコア関数 $\left\{\overset{B}{\ell}_0, \overset{B}{\ell}_1, \cdots, \overset{B}{\ell}_r\right\}$ により表されているので

$$\overset{B}{f}_\| \in T_{\breve{p}}U_B^{r+1} = T_{\breve{p}}V_B^r \oplus T_{\breve{p}}N_B \quad (5.77)$$

である。つまり，$\overset{B}{\pi}_{\breve{p}}$ は接空間 $T_{\breve{p}}U_B^{r+1}$ 上への射影になっている。一方，$\overset{B}{f}_\perp$ は，$\overset{B}{\ell}_0$ との内積[†]が

$$g\left(\overset{B}{\ell}_0, \overset{B}{f}_\perp\right)$$

[†] $\overset{B}{\ell}_\alpha$ と $\overset{B}{\ell}_\beta$ との内積は，$g\left(\overset{B}{\ell}_\alpha, \overset{B}{\ell}_\beta\right) = \left\langle\overset{S}{\ell}_\alpha\middle|\overset{B}{\ell}_\beta\right\rangle$ で与えられることを思い出そう。

5.4 接空間 $T_{\tilde{p}}\mathcal{R}_\Omega$ の直交分解

$$= \left\langle \overset{S}{\ell_0} \middle| \overset{B}{f_\perp} \right\rangle$$

$$= \left\langle \overset{S}{\ell_0} \middle| f \right\rangle - g^{00} \left\langle \overset{S}{\ell_0} \middle| f \right\rangle \left\langle \overset{S}{\ell_0} \middle| \overset{B}{\ell_0} \right\rangle - \sum_{i,j=1}^{r} g^{ij} \left\langle \overset{S}{\ell_j} \middle| f \right\rangle \left\langle \overset{S}{\ell_0} \middle| \overset{B}{\ell_i} \right\rangle$$

$$= 0 \tag{5.78}$$

となり,また $\overset{B}{\ell_k}$ との内積が

$$g\left(\overset{B}{\ell_k}, \overset{B}{f_\perp}\right)$$

$$= \left\langle \overset{S}{\ell_k} \middle| \overset{B}{f_\perp} \right\rangle$$

$$= \left\langle \overset{S}{\ell_k} \middle| f \right\rangle - g^{00} \left\langle \overset{S}{\ell_0} \middle| f \right\rangle \left\langle \overset{S}{\ell_k} \middle| \overset{B}{\ell_0} \right\rangle - \sum_{i,j=1}^{r} g^{ij} \left\langle \overset{S}{\ell_j} \middle| f \right\rangle \left\langle \overset{S}{\ell_k} \middle| \overset{B}{\ell_i} \right\rangle$$

$$= \left\langle \overset{S}{\ell_k} \middle| f \right\rangle - \sum_{i,j=1}^{r} g^{ij} g_{ki} \left\langle \overset{S}{\ell_j} \middle| f \right\rangle$$

$$= \left\langle \overset{S}{\ell_k} \middle| f \right\rangle - \sum_{j=1}^{r} \delta_k^j \left\langle \overset{S}{\ell_j} \middle| f \right\rangle = 0 \tag{5.79}$$

となることより,$\overset{B}{f_\perp}$ は,接空間 $T_{\tilde{p}}U_B^{r+1}$ のすべてのベクトルと直交することがわかる。そこで,$T_{\tilde{p}}U_B^{r+1}$ の直交補空間を $T_{\tilde{p}}W_B$ とすれば

$$\overset{B}{f_\perp} \in T_{\tilde{p}}W_B \tag{5.80}$$

である。つまり,$\left(\overset{B}{\mathrm{id}} - \overset{B}{\pi_{\tilde{p}}}\right)$ は直交補空間 $T_{\tilde{p}}W_B$ 上への射影になっている。また,$\overset{B}{f_\parallel}$ と $\overset{B}{f_\perp}$ はたがいに直交しており

$$f = \overset{B}{f_\parallel} + \overset{B}{f_\perp} \in T_{\tilde{p}}\mathcal{R}_\Omega \tag{5.81}$$

が成立するため,$T_{\tilde{p}}\mathcal{R}_\Omega$ は

$$T_{\check{p}}\mathcal{R}_\Omega = T_{\check{p}}W_B \oplus T_{\check{p}}U_B^{r+1} = T_{\check{p}}W_B \oplus T_{\check{p}}V_B^r \oplus T_{\check{p}}N_B \tag{5.82}$$

のような直和に分解できることがわかる。

つぎに, Soul 世界の場合について考える。$\overset{S}{f}_\parallel$ は, スコア関数 $\left\{\overset{S}{\ell}_0, \overset{S}{\ell}_1, \cdots, \overset{S}{\ell}_r\right\}$ により表されているので

$$\overset{S}{f}_\parallel \in T_{\check{p}}U_S^{r+1} = T_{\check{p}}V_S^r \oplus T_{\check{p}}N_S \tag{5.83}$$

である。つまり, $\overset{S}{\pi}_{\check{p}}$ は接空間 $T_{\check{p}}U_S^{r+1}$ 上への射影になっている。一方, $\overset{S}{f}_\perp$ は, $\overset{S}{\ell}_0$ との内積†が

$$\begin{aligned}
g\Big(\overset{S}{f}_\perp, \overset{S}{\ell}_0\Big) &= \left\langle \overset{S}{f}_\perp \middle| \overset{B}{\ell}_0 \right\rangle \\
&= \left\langle f \middle| \overset{B}{\ell}_0 \right\rangle - g^{00} \left\langle f \middle| \overset{B}{\ell}_0 \right\rangle \left\langle \overset{S}{\ell}_0 \middle| \overset{B}{\ell}_0 \right\rangle - \sum_{i,j=1}^r g^{ij} \left\langle f \middle| \overset{B}{\ell}_j \right\rangle \left\langle \overset{S}{\ell}_i \middle| \overset{B}{\ell}_0 \right\rangle \\
&= 0
\end{aligned} \tag{5.84}$$

となり, $\overset{S}{\ell}_k$ との内積が

$$\begin{aligned}
g\Big(\overset{S}{f}_\perp, \overset{S}{\ell}_k\Big) &= \left\langle \overset{S}{f}_\perp \middle| \overset{B}{\ell}_k \right\rangle \\
&= \left\langle f \middle| \overset{B}{\ell}_k \right\rangle - g^{00} \left\langle f \middle| \overset{B}{\ell}_0 \right\rangle \left\langle \overset{S}{\ell}_0 \middle| \overset{B}{\ell}_k \right\rangle - \sum_{i,j=1}^r g^{ij} \left\langle f \middle| \overset{B}{\ell}_j \right\rangle \left\langle \overset{S}{\ell}_i \middle| \overset{B}{\ell}_k \right\rangle \\
&= \left\langle f \middle| \overset{B}{\ell}_k \right\rangle - \sum_{i,j=1}^r g^{ij} g_{ik} \left\langle f \middle| \overset{B}{\ell}_j \right\rangle
\end{aligned}$$

---

† $\overset{S}{\ell}_\alpha$ と $\overset{S}{\ell}_\beta$ との内積は, $g\Big(\overset{S}{\ell}_\alpha, \overset{S}{\ell}_\beta\Big) = \left\langle \overset{S}{\ell}_\alpha \middle| \overset{B}{\ell}_\beta \right\rangle$ で与えられることを思い出そう。

$$= \left\langle f \middle| \overset{B}{\ell}_k \right\rangle - \sum_{j=1}^{r} \delta_k^j \left\langle f \middle| \overset{B}{\ell}_j \right\rangle = 0 \tag{5.85}$$

となるので，$\overset{S}{f}_\perp$ は接空間 $T_{\check{p}} U_S^{r+1}$ のすべてのベクトルと直交することがわかる。そこで，$T_{\check{p}} U_S^{r+1}$ の直交補空間を $T_{\check{p}} W_S$ とすれば

$$\overset{S}{f}_\perp \in T_{\check{p}} W_S \tag{5.86}$$

である。つまり，$\left(\overset{S}{\mathrm{id}} - \overset{S}{\pi}_{\check{p}}\right)$ は直交補空間 $T_{\check{p}} W_S$ 上への射影になっている。また，$\overset{S}{f}_\parallel$ と $\overset{S}{f}_\perp$ はたがいに直交しており

$$f = \overset{S}{f}_\parallel + \overset{S}{f}_\perp \in T_{\check{p}} \mathcal{R}_\Omega \tag{5.87}$$

が成立するため，$T_{\check{p}} \mathcal{R}_\Omega$ は

$$T_{\check{p}} \mathcal{R}_\Omega = T_{\check{p}} W_S \oplus T_{\check{p}} U_S^{r+1} = T_{\check{p}} W_S \oplus T_{\check{p}} V_S^r \oplus T_{\check{p}} N_S \tag{5.88}$$

のような直和に分解できることがわかる。

まとめると，$\tau = B$ または $\tau = S$ として，接空間 $T_{\check{p}} \mathcal{R}_\Omega$ は2種類の射影，すなわち $T_{\check{p}} U_\tau^{r+1}$ 上への射影 $\overset{\tau}{\pi}_{\check{p}}$ と $T_{\check{p}} W_\tau$ 上への射影 $\left(\overset{\tau}{\mathrm{id}} - \overset{\tau}{\pi}_{\check{p}}\right)$ により

$$T_{\check{p}} \mathcal{R}_\Omega = T_{\check{p}} W_\tau \oplus T_{\check{p}} U_\tau^{r+1} = T_{\check{p}} W_\tau \oplus T_{\check{p}} V_\tau^r \oplus T_{\check{p}} N_\tau \tag{5.89}$$

のように直和に分解することができる。

5.5 Cramér-Rao の不等式

ここでは，先に導入した2種類の射影を用いた $T_{\check{p}} \mathcal{R}_\Omega$ の直和分解を利用して，**Cramér-Rao の不等式**（Cramér-Rao inequality）を導く。

まず，N 個の i.i.d. サンプル $\{x_1, x_2, \cdots, x_N\}$ が与えられたとき，尤度 $L(\boldsymbol{\theta})$ は

$$L(\boldsymbol{\theta}) = \prod_{k=1}^{N} \check{p}(x_k; \boldsymbol{\theta}) \tag{5.90}$$

のように確率密度関数 $\tilde{p}(x_k; \boldsymbol{\theta})$ の積[†1]で与えられる。ただし，$\boldsymbol{\theta} = (\theta^1, \theta^2, \cdots, \theta^r)$ である。

このとき，何らかの手法により i.i.d. サンプル $\{x_1, x_2, \cdots, x_N\}$ に基づいてパラメータ $\boldsymbol{\theta}$ を推定し，その推定量 $\hat{\boldsymbol{\theta}}$ が**不偏推定量**（unbiased estimator）[†2]になっているものと仮定する。

$$\int \mathrm{D}x \, L \, \hat{\theta}^i = \theta^i \tag{5.91}$$

ただし

$$\mathrm{D}x = \prod_{k=1}^{N} \mathrm{d}x_k \tag{5.92}$$

である。

スコア関数を $\theta^0 = 0$ で評価すれば，$Body$ 世界では

$$\overset{B}{\ell}_0 = L^{1-s} \tag{5.93}$$

$$\overset{B}{\ell}_m = L^{1-s} \frac{\partial \log L}{\partial \theta^m} = \overset{B}{\ell}_0 \frac{\partial \log L}{\partial \theta^m} \tag{5.94}$$

となり，$Soul$ 世界では

$$\overset{S}{\ell}_0 = -L^s \tag{5.95}$$

$$\overset{S}{\ell}_n = L^s \frac{\partial \log L}{\partial \theta^n} = -\overset{S}{\ell}_0 \frac{\partial \log L}{\partial \theta^n} \tag{5.96}$$

となる。このとき，パラメータ $\boldsymbol{\theta}$ の不偏推定量 $\hat{\boldsymbol{\theta}}$ に対して，つぎのような量を考える。

$$\overset{B}{f}^i = \hat{\theta}^i \overset{B}{\ell}_0 = \hat{\theta}^i L^{1-s} \tag{5.97}$$

$$\overset{S}{f}^j = \hat{\theta}^j \overset{S}{\ell}_0 = -\hat{\theta}^j L^s \tag{5.98}$$

[†1] N 個のサンプルは，i.i.d. であることが仮定されているので，N 個のサンプルが得られる同時確率は個々のサンプル x_i が得られる確率の積で与えられる。

[†2] 真の確率分布によるパラメータの推定量の期待値がパラメータの真の値と一致するとき，パラメータの推定量を不偏推定量という。

5.5 Cramér-Rao の不等式

ここで，$\hat{\theta}^i \overset{\tau}{\ell}_0 \in T_L U_\tau^{r+1}$ である．$\hat{\theta}^i \overset{\tau}{\ell}_0$ のように表されてはいるが，$\hat{\theta}^i \overset{\tau}{\ell}_0 \in T_L N_\tau$ であるとは限らないので注意が必要である．これは，すべてのスコア関数を，見かけ上は $\overset{\tau}{\ell}_0$ に比例するように書き直すことができることからもわかる．

また，計量は[†]

$$\left\langle \overset{S}{\ell_n} \middle| \overset{B}{\ell_m} \right\rangle = \int \mathrm{D}x \left(L^s \frac{\partial \log L}{\partial \theta^n} \right) \left(L^{1-s} \frac{\partial \log L}{\partial \theta^m} \right)$$

$$= \int \mathrm{D}x \, L \left(\sum_{k=1}^{N} \frac{\partial \log \check{p}(x_k; \boldsymbol{\theta})}{\partial \theta^n} \right) \left(\sum_{h=1}^{N} \frac{\partial \log \check{p}(x_h; \boldsymbol{\theta})}{\partial \theta^m} \right)$$

$$= \sum_{k=1}^{N} \int \mathrm{d}x_k \, \check{p}(x_k; \boldsymbol{\theta}) \frac{\partial \log \check{p}(x_k; \boldsymbol{\theta})}{\partial \theta^n} \frac{\partial \log \check{p}(x_k; \boldsymbol{\theta})}{\partial \theta^m}$$

$$= N g_{mn} \tag{5.99}$$

のように N 倍されるので，計量の逆行列は $\frac{1}{N} g^{ij}$ となる．したがって，射影を行うときには，この $\frac{1}{N} g^{ij}$ を用いる必要があるので注意する．

さて，これから $\overset{\tau}{f}^i_\parallel$ と $\overset{\tau}{f}^i_\perp$ を求めるために，あらかじめ必要な計算を以下で行っておく．まず，$\overset{B}{f}^i$ に対して

$$\frac{1}{N} \sum_{m,n=1}^{r} g^{mn} \left\langle \overset{S}{\ell_n} \middle| \overset{B}{f}^i \right\rangle \overset{B}{\ell_m}$$

$$= \frac{1}{N} \sum_{m,n=1}^{r} g^{mn} \left(\int \mathrm{D}x \left(L^s \frac{\partial \log L}{\partial \theta^n} \right) \left(\hat{\theta}^i L^{1-s} \right) \right) \overset{B}{\ell_m}$$

$$= \frac{1}{N} \sum_{m,n=1}^{r} g^{mn} \left(\int \mathrm{D}x \frac{\partial L}{\partial \theta^n} \hat{\theta}^i \right) \overset{B}{\ell_m}$$

$$= \frac{1}{N} \sum_{m,n=1}^{r} g^{mn} \frac{\partial}{\partial \theta^n} \left(\int \mathrm{D}x \, L \, \hat{\theta}^i \right) \overset{B}{\ell_m}$$

[†] $k \neq h$ のときには，$\int \mathrm{d}x_k \, \check{p}(x_k; \boldsymbol{\theta}) \frac{\partial \log \check{p}(x_k; \boldsymbol{\theta})}{\partial \theta^n}$ と $\int \mathrm{d}x_h \, \check{p}(x_h; \boldsymbol{\theta}) \frac{\partial \log \check{p}(x_h; \boldsymbol{\theta})}{\partial \theta^n}$ の積になるが，それぞれで 0 となるので結局 0 となる．したがって，$k = h$ の場合のみを考えればよいことになる．

$$= \frac{1}{N} \sum_{m,n=1}^{r} g^{mn} \frac{\partial \theta^i}{\partial \theta^n} \overset{B}{\ell}_m$$

$$= \frac{1}{N} \sum_{m,n=1}^{r} g^{mn} \delta_n^i \overset{B}{\ell}_m$$

$$= \frac{1}{N} \sum_{m=1}^{r} g^{im} \overset{B}{\ell}_m \tag{5.100}$$

と

$$g^{00} \left\langle \overset{S}{\ell}_0 \middle| f^i \right\rangle \overset{B}{\ell}_0 = -\left(\int \mathrm{D}x \, (-L^s)\left(\hat{\theta}^i L^{1-s}\right) \right) \overset{B}{\ell}_0$$

$$= \left(\int \mathrm{D}x \, L \, \hat{\theta}^i \right) \overset{B}{\ell}_0$$

$$= \theta^i \overset{B}{\ell}_0 \tag{5.101}$$

が得られる。つぎに，$\overset{S}{f^j}$ に対して

$$\frac{1}{N} \sum_{m,n=1}^{r} g^{mn} \left\langle \overset{S}{f^j} \middle| \overset{B}{\ell}_m \right\rangle \overset{S}{\ell}_n$$

$$= \frac{1}{N} \sum_{m,n=1}^{r} g^{mn} \left(\int \mathrm{D}x \left(-\hat{\theta}^j L^s\right)\left(L^{1-s} \frac{\partial \log L}{\partial \theta^m}\right) \right) \overset{S}{\ell}_n$$

$$= -\frac{1}{N} \sum_{m,n=1}^{r} g^{mn} \left(\int \mathrm{D}x \, \frac{\partial L}{\partial \theta^m} \hat{\theta}^j \right) \overset{S}{\ell}_n$$

$$= -\frac{1}{N} \sum_{m,n=1}^{r} g^{mn} \frac{\partial}{\partial \theta^m} \left(\int \mathrm{D}x \, L \, \hat{\theta}^j \right) \overset{S}{\ell}_n$$

$$= -\frac{1}{N} \sum_{m,n=1}^{r} g^{mn} \frac{\partial \theta^j}{\partial \theta^m} \overset{S}{\ell}_n$$

$$= -\frac{1}{N} \sum_{m,n=1}^{r} g^{mn} \delta_m^j \overset{S}{\ell}_n$$

$$= -\frac{1}{N} \sum_{n=1}^{r} g^{jn} \overset{S}{\ell}_n \tag{5.102}$$

と

$$g^{00} \left\langle \overset{S}{f^j} \middle| \overset{B}{\ell}_0 \right\rangle \overset{S}{\ell}_0 = -\left(\int \mathrm{D}x \left(-\hat{\theta}^j L^s \right) \left(L^{1-s} \right) \right) \overset{S}{\ell}_0$$

$$= \left(\int \mathrm{D}x \, L \, \hat{\theta}^j \right) \overset{S}{\ell}_0$$

$$= \theta^j \overset{S}{\ell}_0 \tag{5.103}$$

が得られる。これらを利用することで,$\overset{\tau}{f^i}$ の $T_L U_\tau^{r+1}$ 上への射影 $\overset{\tau}{f^i_\parallel}$ と $T_L W_\tau$ 上への射影 $\overset{\tau}{f^i_\perp}$ を求めることができる。まず,$\overset{B}{f^i}$ に対しては

$$\overset{B}{f^i_\parallel} = \theta^i \overset{B}{\ell}_0 + \frac{1}{N} \sum_{m=1}^{r} g^{im} \overset{B}{\ell}_m \tag{5.104}$$

$$\overset{B}{f^i_\perp} = \overset{B}{f^i} - \overset{B}{f^i_\parallel}$$

$$= \left(\hat{\theta}^i - \theta^i \right) \overset{B}{\ell}_0 - \frac{1}{N} \sum_{m=1}^{r} g^{im} \overset{B}{\ell}_m$$

$$= \left\{ \left(\hat{\theta}^i - \theta^i \right) - \frac{1}{N} \sum_{m=1}^{r} g^{im} \frac{\partial \log L}{\partial \theta^m} \right\} \overset{B}{\ell}_0$$

$$= A^i \overset{B}{\ell}_0 \tag{5.105}$$

のよう求めることができる。ただし

$$A^i = \left(\hat{\theta}^i - \theta^i \right) - \frac{1}{N} \sum_{m=1}^{r} g^{im} \frac{\partial \log L}{\partial \theta^m} \tag{5.106}$$

とおいた。また,$\overset{S}{f^j}$ に対しては

$$\overset{S}{f^j_\parallel} = \theta^j \overset{S}{\ell}_0 - \frac{1}{N} \sum_{n=1}^{r} g^{jn} \overset{S}{\ell}_n \tag{5.107}$$

$$\overset{S}{f^j_\perp} = \overset{S}{f^j} - \overset{S}{f^j_\parallel}$$

$$= \left(\hat\theta^j - \theta^j\right)\overset{S}{\ell_0} + \frac{1}{N}\sum_{n=1}^r g^{jn}\overset{S}{\ell_n}$$

$$= \left\{\left(\hat\theta^j - \theta^j\right) - \frac{1}{N}\sum_{n=1}^r g^{jn}\frac{\partial\log L}{\partial\theta^n}\right\}\overset{S}{\ell_0}$$

$$= A^j \overset{S}{\ell_0} \tag{5.108}$$

のように求めることができる。

さて，これから $\left\langle \overset{S}{f^j_\perp} \middle| \overset{B}{f^i_\perp} \right\rangle$ を評価していくが，まず，必要になる量をあらかじめ計算しておくことにする。まず

$$\left\langle \left(\hat\theta^j - \theta^j\right)\overset{S}{\ell_0} \middle| \left(\hat\theta^i - \theta^i\right)\overset{B}{\ell_0} \right\rangle$$

$$= \int \mathrm{D}x \left(-L^s\left(\hat\theta^j - \theta^j\right)\right)\left(\left(\hat\theta^i - \theta^i\right)L^{1-s}\right)$$

$$= -\int \mathrm{D}x\, L\left(\hat\theta^i - \theta^i\right)\left(\hat\theta^j - \theta^j\right)$$

$$= -\mathrm{Cov}\left(\hat\theta^i, \hat\theta^j\right) \tag{5.109}$$

であることがわかる。ここで，$\mathrm{Cov}\left(\hat\theta^i, \hat\theta^j\right)$ はパラメータ $\boldsymbol{\theta}$ の不偏推定量 $\hat{\boldsymbol{\theta}}$ の分散・共分散行列である。また

$$\left\langle \overset{S}{\ell_n} \middle| \left(\hat\theta^i - \theta^i\right)\overset{B}{\ell_0} \right\rangle = \int \mathrm{D}x \left(L^s \frac{\partial \log L}{\partial \theta^n}\right)\left(\left(\hat\theta^i - \theta^i\right)L^{1-s}\right)$$

$$= \int \mathrm{D}x \frac{\partial L}{\partial \theta^n}\left(\hat\theta^i - \theta^i\right)$$

$$= \int \mathrm{D}x \frac{\partial L}{\partial \theta^n}\hat\theta^i - \theta^i \int \mathrm{D}x \frac{\partial L}{\partial \theta^n}$$

$$= \frac{\partial}{\partial \theta^n}\int \mathrm{D}x\, L\hat\theta^i - \theta^i \frac{\partial}{\partial \theta^n}\int \mathrm{D}x\, L$$

$$= \frac{\partial \theta^i}{\partial \theta^n} - \theta^i \frac{\partial 1}{\partial \theta^n}$$

$$= \delta^i_n \tag{5.110}$$

と

$$\left\langle \left(\hat{\theta}^j - \theta^j\right) \overset{S}{\ell}_0 \middle| \overset{B}{\ell}_m \right\rangle = \int \mathrm{D}x \left(-\left(\hat{\theta}^j - \theta^j\right) L^s\right) \left(L^{1-s} \frac{\partial \log L}{\partial \theta^m}\right)$$

$$= -\int \mathrm{D}x \, \frac{\partial L}{\partial \theta^m} \left(\hat{\theta}^j - \theta^j\right)$$

$$= -\int \mathrm{D}x \, \frac{\partial L}{\partial \theta^m} \hat{\theta}^j + \theta^j \int \mathrm{D}x \, \frac{\partial L}{\partial \theta^m}$$

$$= -\frac{\partial}{\partial \theta^m} \int \mathrm{D}x \, L \hat{\theta}^j + \theta^j \frac{\partial}{\partial \theta^m} \int \mathrm{D}x \, L$$

$$= -\frac{\partial \theta^j}{\partial \theta^m} - \theta^j \frac{\partial 1}{\partial \theta^m}$$

$$= -\delta^j_m \tag{5.111}$$

も得られる。これらを用いて、$\left\langle \overset{S}{f}{}^j_\perp \middle| \overset{B}{f}{}^i_\perp \right\rangle$ を評価すると

$$\left\langle \overset{S}{f}{}^j_\perp \middle| \overset{B}{f}{}^i_\perp \right\rangle$$

$$= \left\langle \left(\hat{\theta}^j - \theta^j\right) \overset{S}{\ell}_0 + \frac{1}{N} \sum_{n=1}^r g^{jn} \overset{S}{\ell}_n \middle| \left(\hat{\theta}^i - \theta^i\right) \overset{B}{\ell}_0 - \frac{1}{N} \sum_{m=1}^r g^{im} \overset{B}{\ell}_m \right\rangle$$

$$= \left\langle \left(\hat{\theta}^j - \theta^j\right) \overset{S}{\ell}_0 \middle| \left(\hat{\theta}^i - \theta^i\right) \overset{B}{\ell}_0 \right\rangle$$

$$+ \frac{1}{N} \sum_{n=1}^r g^{jn} \left\langle \overset{S}{\ell}_n \middle| \left(\hat{\theta}^i - \theta^i\right) \overset{B}{\ell}_0 \right\rangle$$

$$- \frac{1}{N} \sum_{m=1}^r g^{im} \left\langle \left(\hat{\theta}^j - \theta^j\right) \overset{S}{\ell}_0 \middle| \overset{B}{\ell}_m \right\rangle$$

$$-\frac{1}{N^2}\sum_{m,n=1}^{r} g^{jn} g^{im} \left\langle \overset{S}{\ell_n} \middle| \overset{B}{\ell_m} \right\rangle$$

$$= -\mathrm{Cov}\left(\hat{\theta}^i, \hat{\theta}^j\right) + \frac{1}{N}\sum_{n=1}^{r} g^{jn}\delta_n^i - \frac{1}{N}\sum_{m=1}^{r} g^{im}\left(-\delta_m^j\right)$$

$$-\frac{1}{N^2}\sum_{m,n=1}^{r} g^{jn} g^{im} N g_{mn}$$

$$= -\left\{\mathrm{Cov}\left(\hat{\theta}^i, \hat{\theta}^j\right) - \frac{1}{N}g^{ij}\right\} \tag{5.112}$$

のようになることがわかる。一方

$$\left\langle \overset{S}{f_\perp^j} \middle| \overset{B}{f_\perp^i} \right\rangle = \left\langle A^j \overset{S}{\ell_0} \middle| A^i \overset{B}{\ell_0} \right\rangle$$

$$= -\int \mathrm{D}x\, L\, A^j A^i$$

$$= -\int \mathrm{D}x \left(\sqrt{L}\, A^j\right)\left(\sqrt{L}\, A^i\right) \tag{5.113}$$

である。そこで，ベクトル $\boldsymbol{a}$ を

$$\boldsymbol{a}^T = \left(\sqrt{L}\, A^1, \sqrt{L}\, A^2, \cdots, \sqrt{L}\, A^r\right) \tag{5.114}$$

のように定義すれば

$$\left\langle \overset{S}{f_\perp^j} \middle| \overset{B}{f_\perp^i} \right\rangle = -\int \mathrm{D}x \left(\sqrt{L}\, A^j\right)\left(\sqrt{L}\, A^i\right) = -\int \mathrm{D}x \left(\boldsymbol{a}\boldsymbol{a}^T\right)^{ji} \tag{5.115}$$

のように表すことができるので，右辺は**分散・共分散型行列** (variance-covariance type matrix)[†] の (j,i)-成分に -1 を掛けたものになっている。一般に，分散・共分散型行列は**半正定値行列**（positive semi-definite matrix）になるので

[†] 行列 A が，ベクトルを用いて $\boldsymbol{a}\boldsymbol{a}^T$ のような型で表されるとき，行列 A を分散・共分散型行列と呼ぶ。このとき，A に関する 2 次形式は，任意のベクトル $\boldsymbol{x}$ に対して，$\boldsymbol{x}^T A \boldsymbol{x} = \left(\boldsymbol{x}^T \boldsymbol{a}\right)\left(\boldsymbol{a}^T \boldsymbol{x}\right) = \left(\boldsymbol{a}^T \boldsymbol{x}\right)^2 \geq 0$ が成立するので，分散・共分散型行列 A は半正定値行列である。つまり，行列 A のすべての固有値が非負である。このことを，$A \geq 0$ のように表す。また，半正定値行列の和は，半正定値行列である。

5.5 Cramér-Rao の不等式

$$\left(\left\langle \left. f_\perp^{j\,S} \right| f_\perp^{i\,B} \right\rangle\right) \leqq 0 \tag{5.116}$$

が成立する†。したがって

$$\left(\mathrm{Cov}\left(\hat{\theta}^i, \hat{\theta}^j\right) - \frac{1}{N}g^{ij}\right) \geqq 0 \tag{5.117}$$

が得られる。これは，まさに Cramér-Rao の不等式である。等号は，$A^i = 0$ のときであり，そのときに限る。つまり

$$A^i = \left(\hat{\theta}^i - \theta^i\right) - \frac{1}{N}\sum_{m=1}^{r} g^{im}\frac{\partial \log L}{\partial \theta^m} = 0 \tag{5.118}$$

のときに限り等号が成立する。このとき

$$\hat{\theta}^i = \theta^i + \frac{1}{N}\sum_{m=1}^{r} g^{im}\frac{\partial \log L}{\partial \theta^m} \tag{5.119}$$

$$= \theta^i + \sum_{m=1}^{r} g^{im}\left(\frac{1}{N}\sum_{k=1}^{N}\frac{\partial \log p(x_k; \boldsymbol{\theta})}{\partial \theta^m}\right) \tag{5.120}$$

である。

---

† (a_{ij}) または (a^{ij}) は行列を表している。

6 くり込みとエントロピー

　ここでは，エントロピーとダイバージェンスについて考えていく．有限の値を持つエントロピーを定義するためには，あらかじめ発散を与える項を引いておくという"くり込み"という操作が必要になることが示される．ここで定義されたエントロピーが，他の一般化エントロピーとどのように関連しているかも示される．

　また，擬距離であるダイバージェンスは，通常，確率分布間の距離に相当するものとして定義されるが，ここではτ-アファイン構造に基づき平行移動の始点の確率分布で終点の確率分布を近似した際の近似誤差として定義される．すなわち，ダイバージェンスは，τ-アファイン構造での平行移動の始点と終点に対応する確率分布間の平行移動量に関する2次以上の近似誤差の期待値になっていることが示される．これにより，ダイバージェンスの意味が明確になるとともに，測る向きが重要であることもわかる．

　以下に，参照するときに便利なように，τ-アファイン構造について簡単にまとめておく．

　まず，アファイン部分空間 $(\check{\mathcal{P}}, V_\Omega^r, e_s)$ の点 $\check{p}_0(x)$ から平行移動 e_s により，アファイン部分空間 $(\check{\mathcal{P}}, V_B^r, e_s)$ の点 $\check{p}(x)$ を作る（Body 世界での表現）．

$$\check{p}(x) = \exp_s\left(C^{s-1}\left(\sum_{i=1}^r \theta^i x^i - \psi_B + \ln_s \check{p}_0(x)\right)\right) \tag{6.1}$$

ただし，$\psi_B = \ln_s C$ であり，$\check{p}(x) = \overset{B}{\check{p}}(x) = \overset{S}{\check{p}}(x)$ である．

　これに続いて，θ^0 方向の平行移動を行うと

$$\overset{B}{p} = \exp_s\bigl(\theta^0 \check{p}^{1-s}\bigr) \otimes_s \check{p} = \bigl(1 + (1-s)\theta^0\bigr)^{\frac{1}{1-s}} \check{p} \tag{6.2}$$

となる．さらに，$\overset{B}{p}(x)$ の τ-アファイン共役をとると

$$\overset{S}{p} = \exp_{1-s}\bigl(\check{p}^s \ln_{1-s}\bigl(\exp_s(-\theta^0)\bigr)\bigr) \otimes_{1-s} \check{p} = \bigl(1 - (1-s)\theta^0\bigr)^{\frac{1}{1-s}} \check{p} \tag{6.3}$$

が得られる．このとき τ-対数尤度は，それぞれつぎのようになる．

$$\begin{aligned}
\overset{B}{\ell} &= \theta^0 \check{p}^{1-s} + \ln_s \check{p} \\
&= \theta^0 \check{p}^{1-s} + C^{s-1}\left(\sum_{i=1}^r \theta^i x^i - \psi_B + \ln_s \check{p}_0\right)
\end{aligned} \tag{6.4}$$

$$\begin{aligned}
\overset{S}{\ell} &= \check{p}^s \ln_{1-s}\bigl(\exp_s(-\theta^0)\bigr) + \ln_{1-s} \check{p} \\
&= \check{p}^s \ln_{1-s}\bigl(\exp_s(-\theta^0)\bigr) \\
&\quad + \ln_{1-s}\left(\exp_s\left(C^{s-1}\left(\sum_{i=1}^r \theta^i x^i - \psi_B + \ln_s \check{p}_0\right)\right)\right)
\end{aligned} \tag{6.5}$$

また，$a \in \mathbb{R}$ のとき，一般に $(af) \otimes_\tau g$ と $f \otimes_\tau (ag)$ と $a(f \otimes_\tau g)$ は，$a = 1$ のときを除いてたがいに異なっていることに注意する必要がある．

6.1 素朴なエントロピー（発散）

通常，エントロピー（entropy）は，負の対数尤度の期待値として定義される．しかし，計量や接続の定義を見ればわかるように，ここでは期待値をとる操作はまだ導入されておらず，すべて $Body$ 世界と $Soul$ 世界の量の縮約を通して定義されている．したがって，ここでのエントロピーの対応物は，まずは，$\theta^0 = 0$ として

6. くり込みとエントロピー

$$\overset{B}{S}_{bare}$$

$$= \left\langle \left. \overset{S}{\ell} \right| - \overset{B}{\ell} \right\rangle$$

$$= -\int dx \frac{1}{s}\left(\check{p}^s - 1\right)\frac{1}{1-s}\left(\check{p}^{1-s} - 1\right)$$

$$= \frac{1}{s(1-s)}\int dx\,(\check{p}^s - \check{p}) + \frac{1}{s(1-s)}\int dx\,\check{p}^{1-s} - \frac{1}{s(1-s)}\int dx\,1 \tag{6.6}$$

のようなものになるだろう。

しかし，このエントロピー $\overset{B}{S}_{bare}$ は

$$\int dx\,1 \tag{6.7}$$

という項を含んでおり，他の項が収束した場合でも，この項だけはつねに発散してしまう。このままでは，無限大 (∞) からのずれとしてエントロピーを測っていることになるので，エントロピーの基準点を 0 に移動させることを考える。もともと，エントロピーは，その値そのものが意味を持っているのではなく，確率分布が変化した際のエントロピーの変化量，すなわち，その差が重要な意味を持っているので，S_{bare} の定義から発散を引き起こす量をあらかじめ差し引いておくことができれば，有限の量となり扱いやすくなる[†]。次節では，このことについて考えていくことにする。

[†] 信号理論においては，離散信号の場合のエントロピーは有限の値をとるように定義できる。これに基づき，連続信号の場合のエントロピーを極限移行により定義すれば，無意味な発散項

$$-\lim_{\Delta x \to 0} \log \Delta x = \infty$$

が登場する。通常は，この発散は確率分布 $\check{p}$ とは無関係であり，信号が連続であるということのみに起因して生じるものであるため，この発散項を手で除外することで連続信号に対するエントロピーが定義される。このため，連続信号の場合のエントロピーは確率密度関数に対して定義されているため，その値は正にも負にもなり得るので，その値自体にはあまり意味はない。しかし，二つのエントロピーの差で定義される情報量には明確な意味付けを行うことができる。このことについて詳しく知りたい読者は，例えば，文献[22]の「第 4 章 連続情報と信号空間」を読まれるとよい。

6.2 くり込み

ここでは、素朴なエントロピー $\overset{B}{S}_{bare}$ から、どのようにして発散する量を取り除くことができるのかについて考える。そのため、先にスケール変換の座標 θ^0 が $\theta^0 = 0$ の場合について考え、その後、一般の $\theta^0 \neq 0$ の場合について考えることにする。

まず、発散の出どころは、τ-対数尤度 $\overset{S}{\ell}$ に含まれている 1 である[†]ということに注目する。もし、この 1 を τ-対数尤度 $\overset{S}{\ell}$ から取り除くことができれば、発散する項は現れないので有限なエントロピーを定義することができる。

そこで、以下のような τ-商の性質を思い出そう。

$$f \oslash_\tau 0 = \left(f^{1-\tau} + 1\right)^{\frac{1}{1-\tau}} \tag{6.8}$$

ここで $\tau = 1 - s$ として、f に $\check{p}(x)$ を代入してみると

$$\check{p}(x) \oslash_{1-s} 0 = \left(\check{p}(x)^s + 1\right)^{\frac{1}{s}} \tag{6.9}$$

となる。この関係式の左辺を $\check{p}_*(x)$ と簡単に表すことにする。この $\check{p}_*(x)$ の τ-対数尤度をとると

$$\ln_{1-s} \check{p}_*(x) = \frac{1}{s} \check{p}(x)^s \tag{6.10}$$

となることがわかる。これは、まさに τ-対数尤度 $\overset{S}{\ell}$ に含まれている 1 を取り除いたことになっている。

このような発散の除去の方法は、物理でよく知られている "くり込み" (renormalization) を彷彿させる。そこで、τ-商を用いて 0 で割ることにより発散を取り除くことを、"くり込み" と呼ぶことにする。つまり、$\check{p}_*(x)$ は、確率分布

[†] *Soul* 世界のほうに発散の原因を求める理由は、$\lim_{s \to 1} \overset{B}{\ell} = \log \check{p}$ となるので、$\overset{B}{\ell}$ の部分はそのままにしておきたいからである。

6. くり込みとエントロピー

$\check{p}(x)$ にくり込みを適用したものである.さらに,くり込まれた確率分布 (renormalized probability distribution) $\check{p}_*(x)$ から得られる τ-対数尤度も,くり込まれた τ-対数尤度 (renormalized τ-log-likelihood) と呼ぶことにし

$$\overset{S}{\ell}_* = \ln_{1-s} \check{p}_*(x) = \frac{1}{s} \check{p}(x)^s \tag{6.11}$$

のように定義する.もちろん,τ-アファイン共役なくり込まれた τ-対数尤度 $\overset{B}{\ell}_*$ も,同様に

$$\overset{B}{\ell}_* = \ln_s \check{p}_*(x) = \frac{1}{1-s} \check{p}(x)^{1-s} \tag{6.12}$$

で与えられる.

スケール変換の座標 θ^0 が $\theta^0 \neq 0$ の場合にも,$\theta^0 = 0$ の場合と同様の定義を用いることにより,くり込まれた τ-対数尤度 $\overset{\tau}{\ell}_*$ は

$$\overset{S}{\ell}_* = \frac{1}{s} \overset{S}{p}{}^s = \frac{1}{s} \left(1 - (1-s)\theta^0\right)^{\frac{s}{1-s}} \check{p}^s \tag{6.13}$$

$$\overset{B}{\ell}_* = \frac{1}{1-s} \overset{B}{p}{}^{1-s} = \frac{1}{1-s} \left(1 + (1-s)\theta^0\right) \check{p}^{1-s} \tag{6.14}$$

で与えられる.

また,これらを用いることで θ^0 方向の基底ベクトルである $\overset{\tau}{\ell}_0$ は

$$\overset{S}{\ell}_0 = -\check{p}^s \left(1 - (1-s)\theta^0\right)^{\frac{2s-1}{1-s}} = -s\left(1 - (1-s)\theta^0\right)^{-1} \overset{S}{\ell}_* \tag{6.15}$$

$$\overset{B}{\ell}_0 = \check{p}^{1-s} = (1-s)\left(1 + (1-s)\theta^0\right)^{-1} \overset{B}{\ell}_* \tag{6.16}$$

のようにくり込まれた τ-対数尤度で表すこともできる.

これらの関係式を用いれば,くり込まれた τ-対数尤度との縮約は,基底ベクトル $\overset{\tau}{\ell}_0$ 方向への重み付き射影と考えることもできる.τ-情報幾何学における縮約について,このようなとらえ方ができるということが,後の章で定義される**期待値** (expectation value) について従来の期待値とは異なる解釈を許すことになる.

6.3 エントロピー（有限）

さて，くり込まれた τ-対数尤度 $\overset{S}{\ell}_*$ との縮約を用いて，$\theta^0 = 0$ のときのエントロピーをつぎのように定義する。

$$\overset{B}{S}(\check{p}) = \left\langle \overset{S}{\ell}_* \middle| -\overset{B}{\ell} \right\rangle = -\frac{1}{s}\int dx\, \check{p}^s \ln_s \check{p} = \frac{1}{s(1-s)}\int dx\, (\check{p}^s - \check{p}) \tag{6.17}$$

これは

$$\overset{B}{S}(\check{p}) = -\frac{1}{s}\int dx\, \check{p} \ln_{2-s} \check{p} \tag{6.18}$$

のように表すこともできる。

ここで，例として離散的な場合について考えてみる。まず，$A \in \mathcal{B}(\mathbb{R})$ のとき，つぎのような離散的確率分布

$$P(A) = \sum_{i=1}^{n} p_i \int_A \delta(x - x_i)\, dx = \int_A \sum_{i=1}^{n} p_i\, \delta(x - x_i)\, dx \tag{6.19}$$

について，形式的に確率密度関数を

$$\check{p}(x) = \sum_{i=1}^{n} p_i\, \delta(x - x_i) \tag{6.20}$$

と考えることができる。ただし，$\delta(x - x_i)$ は Dirac の delta 関数であり Dirac 測度の一部なので，確率密度関数をべき乗するときには除外して考えることになる。また

$$\sum_{i=1}^{n} p_i = 1 \tag{6.21}$$

である。

このとき，くり込まれた τ-対数尤度 $\overset{S}{\ell}_*$ は

$$\overset{S}{\ell}_* = \frac{1}{s}\check{p}^s = \frac{1}{s}\sum_{i=1}^{n} p_i^s\, \delta(x - x_i) \tag{6.22}$$

6. くり込みとエントロピー

のように与えられ

$$\overset{B}{\ell} = \frac{1}{1-s}\left(\sum_{i=1}^{n} p_i^{1-s}\,\delta(x-x_i) - 1\right) \tag{6.23}$$

なので，エントロピーは

$$\begin{aligned}
\overset{B}{S}(\check{p}) &= \left\langle \overset{S}{\ell_*} \middle| - \overset{B}{\ell} \right\rangle \\
&= \frac{1}{s(1-s)} \int \mathrm{d}x\,(\check{p}^s - \check{p}) \\
&= \frac{1}{s(1-s)} \int \mathrm{d}x \left(\sum_{i=1}^{n} p_i^s\,\delta(x-x_i) - \sum_{i=1}^{n} p_i\,\delta(x-x_i)\right) \\
&= \frac{1}{s(1-s)} \sum_{i=1}^{n} (p_i^s - p_i) \tag{6.24}
\end{aligned}$$

のように求めることができる。ここで，$s \to 1$ の極限をとると

$$\lim_{s\to 1} \overset{B}{S} = \lim_{s\to 1} \frac{1}{s(1-s)} \sum_{i=1}^{n}(p_i^s - p_i) = -\sum_{i=1}^{n} p_i \log p_i \tag{6.25}$$

となる。したがって，くり込まれた τ-対数尤度との縮約によるエントロピーの定義は，正確に離散の場合のエントロピーを再現できることが示された。

また，$s \to 0$ の場合について考えてみる。このとき，$\overset{S}{\ell_*}$ は発散するので役に立たなくなってしまう。しかし，元の素朴なエントロピーの定義に戻ると

$$\begin{aligned}
\lim_{s\to 0} \overset{B}{S}_{bare}(\check{p}) &= \lim_{s\to 0}\left\langle \overset{S}{\ell} \middle| - \overset{B}{\ell} \right\rangle \\
&= \int \mathrm{d}x \left\{\lim_{s\to 0}\frac{1}{s}(\check{p}^s - 1)\right\}\{-(\check{p}-1)\} \\
&= -\int \mathrm{d}x\,(\log \check{p})(\check{p}-1) \\
&= -\int \mathrm{d}x\,\check{p}\log\check{p} + \int \mathrm{d}x\,\log\check{p} \tag{6.26}
\end{aligned}$$

となるので，今度は τ-対数尤度 $\overset{B}{\ell}$ のくり込みを考えればよいことがわかる。

6.3 エントロピー（有限）

そこで

$$\check{p} \oslash_s 0 = \left(\check{p}^{1-s} + 1\right)^{\frac{1}{1-s}} \tag{6.27}$$

なので，くり込まれた τ-対数尤度 $\overset{B}{\ell}_*$ は

$$\overset{B}{\ell}_* = \frac{1}{1-s}\check{p}^{1-s} \tag{6.28}$$

のように与えられる。また

$$\lim_{s \to 0} \left\langle \overset{S}{\ell} \middle| - \overset{B}{\ell}_* \right\rangle = \lim_{s \to 0} \left\langle -\overset{S}{\ell} \middle| \overset{B}{\ell}_* \right\rangle \tag{6.29}$$

なので，これに基づき $Soul$ 世界でのエントロピーを

$$\overset{S}{S} = \left\langle -\overset{S}{\ell} \middle| \overset{B}{\ell}_* \right\rangle = \frac{1}{s(1-s)} \int \mathrm{d}x \left(\check{p}^{1-s} - \check{p}\right) \tag{6.30}$$

のように定義する。このとき，$s \to 0$ でのエントロピーは

$$\lim_{s \to 0} \overset{S}{S} = \lim_{s \to 0} \left\langle -\overset{S}{\ell} \middle| \overset{B}{\ell}_* \right\rangle = -\int \mathrm{d}x\, \check{p} \log \check{p} \tag{6.31}$$

のようになり，おなじみの型のエントロピーが導かれる。

これらのことから，$s \to 0$ の極限では，$Body$ 世界のエントロピーが $Soul$ 世界のエントロピーに化けてしまうことがわかる。つまり，$Body$ 世界でのエントロピーは $0 < s$ で定義できる量である。また，$Soul$ 世界のエントロピーに対して $s \to 1$ の極限をとると，まったく同様にして $Soul$ 世界のエントロピーが $Body$ 世界のエントロピーに化けてしまうことも示すことができる。したがって，$Soul$ 世界のエントロピーは $s < 1$ で定義される量である。

しかし，これではどちらの世界で議論しているのかが曖昧になってしまうので，つぎのようにエントロピーを定義することもできる。

$$\overset{\tau}{S}_\varepsilon(\check{p}) = -\frac{1}{s(1-s)} \int \mathrm{d}x \left(\check{p} - \check{p}^{\varepsilon(\tau)}\right) \tag{6.32}$$

ただし

$$\varepsilon(\tau) = \frac{1}{2} + \mathrm{sgn}_W(\tau)\left|s - \frac{1}{2}\right| \tag{6.33}$$

である。この $\varepsilon(\tau)$ では，$s \in \mathbb{R}$ であり，$Body$ 世界で考えているのか $Soul$ 世界で考えているのかに応じて

$$\varepsilon(B) = \begin{cases} 1-s, & s < \frac{1}{2} \\ s, & \frac{1}{2} \leq s \end{cases} \tag{6.34}$$

$$\varepsilon(S) = \begin{cases} s, & s < \frac{1}{2} \\ 1-s, & \frac{1}{2} \leq s \end{cases} \tag{6.35}$$

のような値をとる。このとき，$Soul$ 世界のエントロピー $\overset{S}{S_\varepsilon}$ は，$s < 0$ または $s > 1$ の場合にはエントロピーの凸性が反転するので注意する必要がある。

ここで，くり込みの正当性を示す一つの例として，$s \to 1$ のときに対応するエントロピー（情報理論において確率変数が連続な場合に定義されるエントロピー）が，発散項を持つことなく自然に導出されることを以下に示す†。いま

$$\mathrm{d}x = \lim_{\Delta x \to 0} \Delta x = \lim_{\Delta x \to 0} (\Delta x)^s (\Delta x)^{1-s} \tag{6.36}$$

であることに注意すると

$$\lim_{s \to 1} \left\langle \overset{S}{\ell_*} \middle| - \overset{B}{\ell} \right\rangle$$

$$= -\lim_{s \to 1} \int_{-\infty}^{\infty} \mathrm{d}x \, \frac{1}{s} p(x)^s \cdot \frac{1}{1-s} \left(p(x)^{1-s} - 1 \right)$$

$$= -\lim_{\Delta x \to 0} \sum_{i=-\infty}^{\infty} \lim_{s \to 1} (\Delta x)^s (\Delta x)^{1-s} \cdot \frac{1}{s} p(x_i)^s \frac{1}{1-s} \left(p(x_i)^{1-s} - 1 \right)$$

$$= -\lim_{\Delta x \to 0} \sum_{i=-\infty}^{\infty} \lim_{s \to 1} \frac{1}{s} \left(p(x_i) \, \Delta x \right)^s (\Delta x)^{1-s} \frac{1}{1-s} \left(p(x_i)^{1-s} - 1 \right)$$

$$= -\lim_{\Delta x \to 0} \sum_{i=-\infty}^{\infty} \lim_{s \to 1} \frac{1}{s} \left(p(x_i) \, \Delta x \right)^s$$

---

† ただし，極限と無限和の順番の入替えなどは自由にできるものとする。

$$\times \left\{ \frac{1}{1-s} \left((p(x_i)\,\Delta x)^{1-s} - 1 \right) - \frac{1}{1-s} \left((\Delta x)^{1-s} - 1 \right) \right\}$$

$$= -\lim_{\Delta x \to 0} \sum_{i=-\infty}^{\infty} p(x_i)\,\Delta x \left\{ \log\left(p(x_i)\,\Delta x \right) - \log \Delta x \right\}$$

$$= -\lim_{\Delta x \to 0} \sum_{i=-\infty}^{\infty} \Delta x\, p(x_i) \log p(x_i)$$

$$= -\int_{-\infty}^{\infty} \mathrm{d}x\, p(x) \log p(x) \tag{6.37}$$

となることがわかる。すなわち,ここでのエントロピーの定義は,確率変数が離散の場合でも連続の場合でも同じでよいことが確認されたことになる。

6.4 縮約と期待値

ここからは,$\theta^0 = 0$ の制限を外して考えていくことにする。そのため,$\theta^0 = 0$ で考える際には,そのことを明示する。

さて,通常,エントロピーは負の対数尤度の期待値として定義されることを考慮し,くり込まれた τ-対数尤度により可測関数 $f(X)$ の期待値をとる操作を,$\theta^0 = 0$ での縮約を用いて以下のように定義する。

$$\mathrm{E}_s[f(X)] = \frac{s}{\Xi} \left\langle \overset{S}{\ell}_* \middle| f(x) \right\rangle \bigg|_{\theta^0 = 0} = \frac{1}{\Xi} \int \mathrm{d}x\, \check{p}^s f(x) \tag{6.38}$$

ただし

$$\Xi = \int \mathrm{d}x\, \check{p}^s \tag{6.39}$$

である。このとき,$\dfrac{1}{\Xi}\check{p}^s$ をエスコート分布 (escort distribution) と呼ぶこともある。

また,スケール方向のスコア関数 $\overset{S}{\ell}_0$ を用いれば,$g^{0i} = 0$ であることから

$$\check{p}^s = g^{00} \overset{S}{\ell}_0 = \sum_{\alpha=0}^{r} g^{0\alpha} \overset{S}{\ell}_\alpha \tag{6.40}$$

なので

$$\mathrm{E}_s[f(X)] = \frac{1}{\Xi} g^{00} \left\langle \overset{S}{\ell}_0 \middle| f(x) \right\rangle = \frac{1}{\Xi} \sum_{\alpha=0}^{r} g^{0\alpha} \left\langle \overset{S}{\ell}_\alpha \middle| f(x) \right\rangle \tag{6.41}$$

のように期待値を定義することもできる。つまり，可測関数 $f(X)$ の期待値とは，各スコア関数への射影の和を規格化したものであり，要するに，可測関数 $f(X)$ を θ^0 方向へ射影し規格化したものとして定義される量である。

このとき，$s \to 0$ の極限を考えると，$1/s$ の発散は解消されているので問題なく定義されていることがわかる。また，どのような確率密度関数に対しても $s \to 0$ の極限では，その確率密度関数のサポート（台）に応じた一様分布での期待値を得ることになる。

さて，期待値を用いてエントロピーを表してみると

$$\mathrm{E}_s\left[-\overset{B}{\ell}\right] = \frac{1}{\Xi} g^{00} \left\langle \overset{S}{\ell}_0 \middle| -\overset{B}{\ell} \right\rangle = \frac{s}{\Xi} \overset{B}{S}(\check{p}) \tag{6.42}$$

となっていることがわかる。そこで

$$S_B(\check{p}) = \mathrm{E}_s\left[-\overset{B}{\ell}\right] \tag{6.43}$$

として，$Body$ 世界での共形エントロピー $S_B(\check{p})$ を定義する。

$Soul$ 世界のエントロピーを期待値で表そうとすると，期待値はスケール方向への射影であるという立場からは，式のうえでの見かけの対称性が壊れてしまう。なぜなら

$$\overset{B}{\ell}_0 = \check{p}^{1-s} \tag{6.44}$$

なので，計量が現れることはないからである。しかし，つぎのようにくり込まれた τ-対数尤度を用いると

$$\frac{1}{\Xi'} \int \mathrm{d}x \, \check{p}^{1-s} f(x) = \frac{1-s}{\Xi'} \left\langle f(x) \middle| \overset{B}{\ell}_* \right\rangle \bigg|_{\theta^0=0} \tag{6.45}$$

のように対称な形で表すことができる。ただし

$$\Xi' = \int \mathrm{d}x \, \check{p}^{1-s} \tag{6.46}$$

である。

このように Soul 世界でも期待値を考えることはできるが，以後は，座標系を Body 世界でのアファインパラメータとして導入したように，期待値に対しても Body 世界での量として考えていくことにする。

ところで，$\overset{B}{\ell_0} = \check{p}^{1-s}$ であることを利用して，可測関数 $f(X)$ を接空間 $T_{\check{p}}N_B$ のベクトルの成分として表現することができる場合には，$f(X)\overset{B}{\ell_0}$ と $\overset{S}{\ell_0}$ との縮約を考慮して

$$
\begin{aligned}
\mathrm{E}_s\left[f(X)\overset{B}{\ell_0}\right] &= g^{00}\left\langle \overset{S}{\ell_0} \middle| f(x)\overset{B}{\ell_0} \right\rangle \\
&= \int \mathrm{d}x\, \check{p}^s \left(f(x)\check{p}^{1-s}\right) \\
&= \int \mathrm{d}x\, \check{p}\, f(x) \quad (6.47)
\end{aligned}
$$

となることがわかり，任意の θ^0 の値に対して，通常の期待値と一致した結果を得ることができる。

このようにスケール変換を新しい座標として考えると，通常の確率論や統計学との対比で興味深いものを構成できるが，どこまで進めればよいのかは，今後の進展次第である。

6.5　Havrda-Charvát エントロピーと Rényi エントロピー

ここでは，有名な一般化エントロピーである Havrda-Charvát エントロピー[†]と Rényi エントロピーに対して，エントロピーと共形エントロピーがどのような位置付けになっているのかを具体的に示す。

まず，離散的確率変数の場合で，一般化エントロピーがどのように定義され

[†] Havrda-Charvát エントロピーは Tsallis エントロピーと呼ばれることもあるが，1967年に Havrda と Charvát が，このエントロピーについての研究を行っているので，Havrda-Charvát エントロピーと呼ぶべきである。彼らはパターン認識における識別性能の評価を行うための指標として導入している。しかし，長いので Tsallis エントロピーと呼ぶことにする[24]。

ているのかを示す．連続的確率変数の場合の定義は，和を積分に置き換えることで得られる．

Tsallis エントロピー（本来は，Havrda-Charvát エントロピーと呼ぶべきものである）の定義は

$$S^{Tsallis} = \frac{1}{1-s} \sum_{i=1}^{n} (\check{p}_i^s - \check{p}_i) \tag{6.48}$$

であり，Rényi エントロピーの定義は

$$S^{Rényi} = \frac{1}{1-s} \log\left(\sum_{i=1}^{n} \check{p}_i^s\right) \tag{6.49}$$

である．また，エントロピーと共形エントロピーの関係は

$$\frac{s}{\Xi} \overset{B}{S}(\check{p}) = S_B(\check{p}) = \frac{1}{\Xi} \frac{1}{1-s} \sum_{i=1}^{n} (\check{p}_i^s - \check{p}_i) \tag{6.50}$$

のようになっている．

ここで，$\sum_{i=1}^{n} \check{p}_i^s$ をそれぞれのエントロピーを用いて表してみると

$$\sum_{i=1}^{n} \check{p}_i^s = \exp\bigl((1-s)\, S^{Rényi}\bigr) \tag{6.51}$$

$$= \bigl\{\exp_s\bigl(S^{Tsallis}\bigr)\bigr\}^{1-s} \tag{6.52}$$

$$= \left\{\exp_s\left(s \overset{B}{S}(\check{p})\right)\right\}^{1-s} \tag{6.53}$$

$$= \{\exp_s(\Xi\, S_B(\check{p}))\}^{1-s} \tag{6.54}$$

のようになるので，つぎのような関係式を得ることができる．

$$\exp\bigl(S^{Rényi}\bigr) = \exp_s\bigl(S^{Tsallis}\bigr) = \exp_s\left(s \overset{B}{S}(\check{p})\right) = \exp_s(\Xi\, S_B(\check{p})) \tag{6.55}$$

このように，有名な一般化エントロピーである Rényi エントロピーと Tsallis エ

ントロピーと，ここで定義されたエントロピーと共形エントロピーは，指数関数もしくはべき型に拡張された指数関数を通してたがいに関連していることがわかる．しかも $s \to 1$ の極限では，どのエントロピーも Boltzmann-Shannon エントロピー

$$S^{BS} = -\sum_{i=1}^{n} \check{p}_i \log \check{p}_i \qquad (6.56)$$

を再現する．さらに，式 (6.55) の値は，生物統計学において多様性の指標として現れる Hill 数とも一致している．

しかし，Rényi エントロピーは加法的なエントロピーであるのに対して，Tsallis エントロピーとここで定義されたエントロピーおよび共形エントロピーは非加法的なエントロピーであることに注意する必要がある．さらに，Tsallis エントロピーの満たす非加法性は，ここで定義されたエントロピーと共形エントロピーの満たす非加法性とは異なるものであることにも注意する必要がある．この非加法性については，後の章で取り上げることにする．

6.6　ダイバージェンス

ここでは，ダイバージェンス (divergence) について考える．ダイバージェンスとは，確率分布間に定義される**擬距離** (pseudo distance) であり，一般に，始点と終点を入れ替えるとその大きさが変化し，**三角不等式** (triangle inequality) も成り立たない．

確率変数 X と Y に対する**同時確率分布** (joint probability distribution) $P(X, Y)$ と，その**周辺分布** (marginal distribution) $P(X)$ と $P(Y)$ が与えられたとき，二つの確率変数 X と Y の間の**相互情報量** (mutual information)

$$\begin{aligned} I(X;Y) &= D^{KL}(P(X,Y) \| P(X) P(Y)) \\ &= \sum_{x,y} P(x,y) \log \frac{P(x,y)}{P(x) P(y)} \end{aligned} \qquad (6.57)$$

を求める際に登場する量でもある。ここで

$$D^{KL}(P(X)\|Q(X)) = \sum_{x} P(x) \log \frac{P(x)}{Q(x)} \tag{6.58}$$

は，Kullback-Leibler ダイバージェンスと呼ばれる量である。

まず，$\theta^0 = 0$ とした $Body$ 世界でのダイバージェンスについて考える。そのために，確率密度関数 $\check{p}_1$ を始点とした平行移動で終点 $\check{p}_2$ に移るとき，終点の確率密度関数を平行移動量 $\check{u}$ に関する多項式で近似することを考える。そのときの近似誤差を $\overset{B}{F}_a(\check{p}_1; \check{u})$ とする。ただし，$a = 1, 2, 3, \cdots$ である。

このとき，$\xi^i = C^{s-1}\theta^i$, $\xi^0 = -C^{s-1}\psi_B$ とすれば

$$\check{p}_2 = \exp_s\left(\sum_{i=1}^{r} \xi^i x^i + \xi^0 \check{p}_1^{1-s}\right) \otimes_s \check{p}_1 \tag{6.59}$$

なので，$\check{u} = \sum_{i=1}^{r} \xi^i x^i + \xi^0 \check{p}_1^{1-s}$ として

$$\check{p}_2 = \exp_s(\check{u}) \otimes_s \check{p}_1$$

$$= \left(\check{p}_1^{1-s} + (1-s)\check{u}\right)^{\frac{1}{1-s}}$$

$$= \check{p}_1 + \check{p}_1^s \check{u} + \frac{1}{2}\check{p}_1^{2s-1}\check{u}^2 s + \frac{1}{6}\check{p}_1^{3s-2}\check{u}^3 s(2s-1)$$

$$+ \frac{1}{24}\check{p}_1^{4s-3}\check{u}^4 s(2s-1)(3s-2) + \cdots$$

$$= \check{p}_1 + \overset{B}{F}_1(\check{p}_1; \check{u})$$

$$= \check{p}_1 + \check{p}_1^s \check{u} + \overset{B}{F}_2(\check{p}_1; \check{u}) \tag{6.60}$$

のように表すことができる。ただし

$$\overset{B}{F}_a(\check{p}_1; \check{u}) = \sum_{m=a}^{\infty} \frac{1}{m!} \check{p}_1^{ms-(m-1)} \check{u}^m \left(\prod_{k=0}^{m-1}(ks-(k-1))\right) \tag{6.61}$$

である。さて，平行移動量 $\check{u}$ が

$$\check{u} = \overset{B}{\ell}(\check{p}_2) - \overset{B}{\ell}(\check{p}_1) \tag{6.62}$$

により厳密に与えられる[†1]ことに注意して，$\overset{B}{F}_2(\check{p}_1;\check{u})$ を確率密度関数 $\check{p}_1$ と確率密度関数 $\check{p}_2$ を用いて表すと

$$\overset{B}{F}_2(\check{p}_1;\check{u}) = \check{p}_2 - \check{p}_1 - \check{p}_1^s \check{u}$$

$$= \check{p}_2 - \check{p}_1 - \check{p}_1^s \left(\overset{B}{\ell}(\check{p}_2) - \overset{B}{\ell}(\check{p}_1) \right)$$

$$= \frac{1}{1-s} \left\{ s\check{p}_1 + (1-s)\check{p}_2 - \check{p}_1^s \check{p}_2^{1-s} \right\} \tag{6.63}$$

のようになる。

このとき，次式により確率分布 $\check{p}_1$ と $\check{p}_2$ の $Body$ 世界でのダイバージェンス[†2]を定義する。

$$\overset{B}{D}(\check{p}_1 \| \check{p}_2) = \left\langle \overset{S}{\ell_*}(\check{p}_1) \middle| - \left\{ \overset{B}{\ell}(\check{p}_2) - \overset{B}{\ell}(\check{p}_1) - \check{p}_1^{-s}(\check{p}_2 - \check{p}_1) \right\} \right\rangle$$

$$= \left\langle \overset{S}{\ell_*}(\check{p}_1) \middle| \check{p}_1^{-s} \overset{B}{F}_2(\check{p}_1;\check{u}) \right\rangle$$

$$= \frac{1}{s} \int dx\, \overset{B}{F}_2(\check{p}_1;\check{u})$$

$$= \frac{1}{s(1-s)} \int dx \left\{ s\check{p}_1 + (1-s)\check{p}_2 - \check{p}_1^s \check{p}_2^{1-s} \right\} \tag{6.64}$$

ダイバージェンスの定義に用いられたものが $\overset{B}{F}_2(\check{p}_1;\check{u})$ であることから，この

[†1] ここで，$\overset{B}{\ell}(\check{p}) = \dfrac{1}{1-s}(\check{p}^{1-s} - 1)$ である。

[†2] Čencov（英語表記では，Chentsov）によれば，測る向きにより値が変化するので，偏差（deviation）を使うほうが望ましいということである。ここでの定義からもわかるように，ダイバージェンスは，確率密度関数 $\check{p}_2$ の確率密度関数 $\check{p}_1$ からのずれを τ-対数尤度で測った偏差 $\check{u}$ を用いて 1 次近似したときの誤差 $\overset{B}{F}_2(\check{p}_1;\check{u})$ で測っているので，元となる確率密度関数 $\check{p}_1$ に対する偏差と考えるほうがより自然である。

ダイバージェンスは Bregman ダイバージェンス[†1]の一種であることもわかる。また，$\theta^0 = 0$ とおいた *Soul* 世界[†2]では

$$\check{p}_2 = \exp_{1-s}(\check{u}) \otimes_{1-s} \check{p}_1$$

$$= (\check{p}_1^s + s\,\check{u})^{\frac{1}{s}}$$

$$= \check{p}_1 + \check{p}_1^{1-s}\check{u} + \frac{1}{2}\check{p}_1^{1-2s}\check{u}^2(1-s) + \frac{1}{6}\check{p}_1^{1-3s}\check{u}^3(1-s)(1-2s)$$

$$+ \frac{1}{24}\check{p}_1^{1-4s}\check{u}^4(1-s)(1-2s)(1-3s) + \cdots$$

$$= \check{p}_1 + \overset{S}{F}_1(\check{p}_1;\check{u})$$

$$= \check{p}_1 + \check{p}_1^{1-s}\check{u} + \overset{S}{F}_2(\check{u}) \tag{6.65}$$

のように近似誤差を表すことができる。ここで

$$\overset{S}{F}_a(\check{p}_1;\check{u}) = \sum_{m=a}^{\infty} \frac{1}{m!} \check{p}_1^{1-ms}\check{u}^m \left(\prod_{k=0}^{m-1}(1-ks)\right) \tag{6.66}$$

である。このとき，平行移動量 $\check{u}$[†3]は

$$\check{u} = \overset{S}{\ell}(\check{p}_2) - \overset{S}{\ell}(\check{p}_1) \tag{6.67}$$

により厳密に与えられるので，$\overset{S}{F}_2(\check{p}_1;\check{u})$ を確率密度関数 $\check{p}_1$ と確率密度関数 $\check{p}_2$ を用いて表すと

$$\overset{S}{F}_2(\check{p}_1;\check{u}) = -\check{p}_1^{1-s}\left\{\check{u} - \check{p}_1^{s-1}(\check{p}_2 - \check{p}_1)\right\}$$

[†1] Bregman ダイバージェンスは，$\check{p}_2$ の負の対数尤度 $F(\check{p}_2)$ を，$\check{p}_1$ の負の対数尤度 $F(\check{p}_1)$ からのずれとして $\check{p}_2 - \check{p}_1$ の 1 次のオーダーまでで近似した際の近似誤差

$$F(\check{p}_2) - \{F(\check{p}_1) + \nabla F(\check{p}_1)(\check{p}_2 - \check{p}_1)\}$$

の期待値として定義されるので，まさにここでのダイバージェンスの定義と一致するが，ここでの定義のほうが，2 次以上の近似誤差の期待値であることをより強調したものとなっている。

[†2] *Body* 世界のときと同じ $\check{u}$ を使ってはいるが異なるものである。

[†3] ここで，$\overset{S}{\ell}(\check{p}) = \frac{1}{s}(\check{p}^s - 1)$ である。

$$= -\check{p}_1^{1-s} \left\{ \overset{S}{\ell}(\check{p}_2) - \overset{S}{\ell}(\check{p}_1) - \check{p}_1^{s-1}(\check{p}_2 - \check{p}_1) \right\}$$

$$= \frac{1}{s} \left\{ s\,\check{p}_2 + (1-s)\,\check{p}_1 - \check{p}_2^s\,\check{p}_1^{1-s} \right\} \tag{6.68}$$

のようになる．そこで，次式により確率密度関数 $\check{p}_1$ と確率密度関数 $\check{p}_2$ の Soul 世界でのダイバージェンスを

$$\overset{S}{D}(\check{p}_1 \| \check{p}_2)$$

$$= \left\langle -\left\{ \overset{S}{\ell}(\check{p}_2) - \overset{S}{\ell}(\check{p}_1) - \check{p}_1^{s-1}(\check{p}_2 - \check{p}_1) \right\} \middle| \overset{B}{\ell}_*(\check{p}_1) \right\rangle$$

$$= \left\langle \check{p}_1^{s-1} \overset{S}{F}_2(\check{p}_1; \check{u}) \middle| \overset{B}{\ell}_*(\check{p}_1) \right\rangle$$

$$= \frac{1}{1-s} \int \mathrm{d}x \, \overset{S}{F}_2(\check{p}_1; \check{u})$$

$$= \frac{1}{s(1-s)} \int \mathrm{d}x \left\{ s\,\check{p}_2 + (1-s)\,\check{p}_1 - \check{p}_2^s\,\check{p}_1^{1-s} \right\} \tag{6.69}$$

のように定義する．このとき，Body 世界のダイバージェンスと Soul 世界のダイバージェンスは

$$\overset{B}{D}(\check{p}_1 \| \check{p}_2) = \overset{S}{D}(\check{p}_2 \| \check{p}_1) \tag{6.70}$$

のように共役な関係にあることを確かめることができる．

　要するに，ダイバージェンスとは，平行移動の終点の確率密度関数を始点の確率密度関数において平行移動量に関して1次までのオーダーで近似したときの近似誤差である．Bregman ダイバージェンスとの対比のために縮約を用いたが，ここでの定義を見ればわかるようにその必要はない．つまり，Body 世界のダイバージェンスも Soul 世界のダイバージェンスも，それぞれの世界だけで閉じて定義できる量である．この点は，エントロピーと異なっている．エントロピーは，その定義からわかるように共役な世界の量が縮約を計算するために必要である．

6. くり込みとエントロピー

さて,ダイバージェンスの定義を,$(\check{\mathcal{P}} \times \mathbb{R}_+, U_\Omega^{r+1}(\check{\mathcal{P}}), e_\tau)$ の任意の要素 p_1 と p_2 に対しても適用できるようにするために,τ-対数尤度を通して測った可測関数 p_1 と p_2 の差を表す関数を一般化した $\overset{\tau}{F}_a(p_1; \Delta)$ を

$$\overset{\tau}{F}_a(p_1; \Delta) = \sum_{m=a}^{\infty} \frac{1}{m!} p_1^{1-m(1-\tau)} \Delta^m \left(\prod_{k=0}^{m-1} (1 - k(1-\tau)) \right) \quad (6.71)$$

のように定義すると

$$\overset{\tau}{F}_2(p_1; \Delta) = \frac{1}{1-\tau} \left\{ \tau p_1 + (1-\tau) p_2 - p_1^\tau p_2^{1-\tau} \right\} \quad (6.72)$$

となる。ここで

$$p_2 = \left(p_1^{1-\tau} + (1-\tau) \Delta \right)^{\frac{1}{1-\tau}} \quad (6.73)$$

であり,この Δ は p_1 と p_2 の τ-対数尤度の差で

$$\Delta = \ln_\tau p_2 - \ln_\tau p_1 \quad (6.74)$$

のように与えられる。

このとき,可測関数 p_1 に対する p_2 のダイバージェンス(偏差)は

$$\overset{\tau}{\Lambda}(\theta^0) = \left(1 + \mathrm{sgn}_W(\tau)(1-s)\theta^0 \right)^{\frac{1}{1-s}} \quad (6.75)$$

とすれば,Δ は[†]

$$\Delta = \frac{1}{1-\tau} \left(\overset{\tau}{\Lambda}(\theta_2^0)^{1-\tau} \check{p}_2^{1-\tau} - \overset{\tau}{\Lambda}(\theta_1^0)^{1-\tau} \check{p}_1^{1-\tau} \right) \quad (6.76)$$

のようになり

$$\overset{\tau}{D}(p_1 \| p_2) = \frac{1}{\tau} \int \mathrm{d}x \, \overset{\tau}{F}_2(p_1; \Delta)$$

$$= \frac{1}{\tau(1-\tau)} \int \mathrm{d}x \left\{ \tau p_1 + (1-\tau) p_2 - p_1^\tau p_2^{1-\tau} \right\} \quad (6.77)$$

で与えられる。

[†] このように,下付き添字で二つの可測関数を区別することが今後もあるので注意してほしい。

したがって、τ-アファイン共役をとるとき、$\overset{B}{\Lambda}(\theta^0) = \overset{S}{\Lambda}(-\theta^0)$ なので θ^0 方向の座標 $\theta^0(p_1)$ と $\theta^0(p_2)$ の符号も同時に反転させる†ことにすれば

$$\overset{B}{D}(p_1\|p_2) = \overset{S}{D}(p_2\|p_1) \tag{6.78}$$

が成立する。つまり、単純に τ-アファイン共役をとるだけでは、$\overset{\tilde{\tau}}{\Lambda}(\theta^0)$ の θ^0 の符号がずれてしまうので、その辻褄を合わせる必要がある。それと同時にダイバージェンス（偏差）を測る向きを逆転させることも必要である。このように、τ-アファイン共役をとり、スケール変換の"向き"とダイバージェンスを測る向きとを逆転させることでたがいに双対なダイバージェンスが得られている。

ここで、特に p_1 として確率密度関数 $\check{p}_1$ を選び、p_2 として p_1 を選んだ場合には

$$\Delta = \theta^0 \check{p}_1^{1-s} \tag{6.79}$$

であり

$$\overset{B}{D}(\check{p}_1\|p_1) = \frac{1}{s}\int \mathrm{d}x \overset{B}{F}_2(\check{p}_1; \theta^0 \check{p}_1^{1-s}) = \frac{1}{s}\left\{\overset{B}{\Lambda}(\theta^0) - (1+\theta^0)\right\} \tag{6.80}$$

のようになる。これは、スケールだけが異なる場合のダイバージェンスである。

一方、Soul 世界では

$$\overset{S}{D}(\check{p}_1\|p_1) = \frac{1}{s}\int \mathrm{d}x \overset{S}{F}_2(\check{p}_1; \theta^0 \check{p}_1^s)$$

$$= \frac{1}{s(1-s)}\left\{(1-s) + s\overset{S}{\Lambda}(\theta^0) - \overset{S}{\Lambda}(\theta^0)^s\right\} \tag{6.81}$$

のようになっている。

つぎに、ダイバージェンスを具体的に評価してみることにする。まず

$$\check{p} = \left\{1 + (1-s)C^{s-1}\left(\sum_{i=1}^r \theta^i x^i - \psi_B + \ln_s \check{p}_0\right)\right\}^{\frac{1}{1-s}} \tag{6.82}$$

---

† 単純に B と S を入れ替えると、スケール因子の内部の θ^0 座標の符号がずれてしまう。

$$\frac{\partial \check{p}}{\partial \theta^i} = C^{s-1} \check{p}^s \left(x^i - \check{p}^{1-s} \frac{\partial \psi_B}{\partial \theta^i} \right) \tag{6.83}$$

であることを利用して

$$\int \mathrm{d}x \, \check{p}^s \ln_s \check{p}_0 = \psi_B - \sum_{i=1}^{r} \theta^i \frac{\partial \psi_B}{\partial \theta^i} + \frac{1}{1-s}(1-\Xi) \tag{6.84}$$

であることが導かれる†.さらに,この結果と $\psi_B = \ln_s C$ であることを用いることで

$$\int \mathrm{d}x \, \check{p}_1^s \check{p}_2^{1-s}$$
$$= 1 - (1-s) C_2^{s-1} \left\{ \psi_{B,2} - \psi_{B,1} - \sum_{k=1}^{r} \left(\theta_2^k - \theta_1^k \right) \frac{\partial \psi_{B,1}}{\partial \theta_1^k} \right\} \tag{6.85}$$

であることを導くことができる.

これらを利用することで,Body 世界のダイバージェンスは

$$\overset{B}{D}(p_1 \| p_2)$$
$$= \frac{1}{s(1-s)} \left\{ s \overset{B}{\Lambda}_1 + (1-s) \overset{B}{\Lambda}_2 - \overset{B}{\Lambda}_1^s \overset{B}{\Lambda}_2^{1-s} \right\}$$
$$+ \frac{1}{s} \overset{B}{\Lambda}_1^s \overset{B}{\Lambda}_2^{1-s} C_2^{s-1} \left\{ \psi_{B,2} - \psi_{B,1} - \sum_{k=1}^{r} \left(\theta_2^k - \theta_1^k \right) \frac{\partial \psi_{B,1}}{\partial \theta_1^k} \right\} \tag{6.86}$$

のように求めることができる.また,Soul 世界のダイバージェンスは,Body 世界のダイバージェンスに対して θ^0 の符号に注意しながら τ-アファイン共役をとり,下付き添字の 1 と 2 を入れ替えれば得ることができる.

さて,任意の可測関数 p_i, p_j, p_k の間には

$$\left\{ \tau p_i + (1-\tau) p_j - p_i^\tau p_j^{1-\tau} \right\} + \left\{ \tau p_j + (1-\tau) p_k - p_j^\tau p_k^{1-\tau} \right\}$$

---

† $\int \mathrm{d}x \, \frac{\partial \check{p}}{\partial \theta^i} = 0$ より得ることができる.

$$= \left\{\tau\, p_i + (1-\tau)\, p_k - p_i^\tau\, p_k^{1-\tau}\right\} + p_i^\tau\, p_k^{1-\tau} + p_j - p_i^\tau\, p_j^{1-\tau} - p_j^\tau\, p_k^{1-\tau}$$

$$= \left\{\tau\, p_i + (1-\tau)\, p_k - p_i^\tau\, p_k^{1-\tau}\right\} + \left(p_i^\tau - p_j^\tau\right)\left(p_k^{1-\tau} - p_j^{1-\tau}\right) \tag{6.87}$$

のような関係式が成り立つので

$$\overset{\tau}{D}(p_1\|p_2) + \overset{\tau}{D}(p_2\|p_3)$$

$$= \overset{\tau}{D}(p_1\|p_3) + \frac{1}{\tau(1-\tau)}\int \mathrm{d}x\, (p_1^\tau - p_2^\tau)(p_3^{1-\tau} - p_2^{1-\tau})$$

$$= \overset{\tau}{D}(p_1\|p_3) + \int \mathrm{d}x\, \ln_{1-\tau}(p_1 \oslash_{1-\tau} p_2)\ln_\tau(p_3 \oslash_\tau p_2) \tag{6.88}$$

が成立している．もし，最右辺の第 2 項が 0 になれば，**一般化 Pythagoras の定理**（generalized Pythagorean theorem）[†]が成り立つことになる．

ところで，原点に選んでいた確率密度関数 $\check{p}_0$ と確率密度関数 $\check{p}$ とのダイバージェンスを評価してみると

$$\overset{B}{D}(\check{p}\|\check{p}_0)$$

$$= \overset{S}{D}(\check{p}_0\|\check{p})$$

$$= \frac{1}{s(1-s)}\left\{1 - \int \mathrm{d}x\, \check{p}^s\left(1 + (1-s)\ln_s \check{p}_0\right)\right\}$$

$$= -\frac{1}{s}\int \mathrm{d}x\, \check{p}^s \ln_s \check{p}_0 - \frac{1}{s(1-s)}(\Xi - 1)$$

$$= -\frac{1}{s}\left(\psi_B - \sum_{i=1}^r \theta^i \frac{\partial \psi_B}{\partial \theta^i} - \frac{1}{1-s}(\Xi - 1)\right) - \frac{1}{s(1-s)}(\Xi - 1)$$

$$= \frac{1}{s}\left(\sum_{i=1}^r \theta^i \frac{\partial \psi_B}{\partial \theta^i} - \psi_B\right) \tag{6.89}$$

のようになるので，関数 $\psi_B(\theta)$ の **Legendre 変換**（Legendre transforma-

---

[†] 通常の情報幾何学で最も役に立っている定理である．

tion)†として新たに関数 $\varphi_S(\eta)$ を以下のように定義する。

$$\varphi_S(\eta) = \sum_{i=1}^r \theta^i \frac{\partial \psi_B(\theta)}{\partial \theta^i} - \psi_B(\theta) = \sum_{i=1}^r \theta^i \eta_i - \psi_B(\theta) = s \overset{S}{D}(\check{p}_0 \| \check{p}) \tag{6.90}$$

ただし

$$\eta_i = \frac{\partial \psi_B(\theta)}{\partial \theta^i} \tag{6.91}$$

である。また，このとき

$$\begin{aligned}\frac{\partial \varphi_S(\eta)}{\partial \eta_i} &= \sum_{j=1}^r \left(\frac{\partial \theta^j}{\partial \eta_i} \eta_j + \theta^j \delta^i_j \right) - \sum_{j=1}^r \frac{\partial \theta^j}{\partial \eta_i} \frac{\partial \psi_B(\theta)}{\partial \theta^j} \\ &= \sum_{j=1}^r \frac{\partial \theta^j}{\partial \eta_i} \left(\eta_j - \frac{\partial \psi_B(\theta)}{\partial \theta^j} \right) + \theta^i = \theta^i \end{aligned} \tag{6.92}$$

なので

$$\theta^i = \frac{\partial \varphi_S(\eta)}{\partial \eta_i} \tag{6.93}$$

であることもわかる。さらに，つぎのような関係が成り立つことを以下のように示すことができる。

$$\sum_{j=1}^r \frac{\partial^2 \varphi_S(\eta)}{\partial \eta_i \partial \eta_j} \frac{\partial^2 \psi_B(\theta)}{\partial \theta^j \partial \theta^k} = \sum_{j=1}^r \frac{\partial \theta^i}{\partial \eta_j} \frac{\partial \eta_j}{\partial \theta^k} = \frac{\partial \theta^i}{\partial \theta^k} = \delta^i_k \tag{6.94}$$

したがって，式 (5.15)

$$\frac{\partial^2 \psi_B(\theta)}{\partial \theta^i \partial \theta^j} = s\, C^{1-s} g_{ij}$$

の結果を用いると

---

† 通常，Legendre 変換は $\varphi = \max_\theta \left(\sum_{i=1}^r \theta^i \eta_i - \psi(\theta) \right)$ として定義されるが，これが最大値をとるという条件から $\eta_i = \frac{\partial \psi}{\partial \theta^i}$ が得られるので，この結果を利用している。

$$\frac{\partial^2 \varphi_S(\eta)}{\partial \eta_i \partial \eta_j} = \frac{1}{s} C^{s-1} g^{ij} \tag{6.95}$$

を得ることができる。

これまでに登場してきた統計的量や幾何学的量は，関数 $\psi_B(\theta)$ と $\varphi_S(\eta)$ および変数 θ^i と η_i を用いて表すことができる。この関数 $\psi_B(\theta)$ と $\varphi_S(\eta)$ はポテンシャル関数とも呼ばれている。

これらのポテンシャル関数を用いると，$Body$ 世界のダイバージェンスは

$$\overset{B}{D}(p_1 \| p_2) = \frac{1}{s(1-s)} \left\{ s \overset{B}{\Lambda}_1 + (1-s) \overset{B}{\Lambda}_2 - \overset{B}{\Lambda}_1^s \overset{B}{\Lambda}_2^{1-s} \right\}$$

$$+ \frac{1}{s} \overset{B}{\Lambda}_1^s \overset{B}{\Lambda}_2^{1-s} C_2^{s-1} \left\{ \psi_{B,2} + \varphi_{S,1} - \theta_2^i \eta_{i,1} \right\} \tag{6.96}$$

のように表すことができる。このとき，先に紹介した一般化 Pythagoras の定理が成り立つための条件は

$$0 = \int dx \, \ln_{1-s}(p_1 \oslash_{1-s} p_2) \ln_s(p_3 \oslash_s p_2)$$

$$= \frac{1}{s(1-s)} \left(\overset{B}{\Lambda}_3^{1-s} C_3^{s-1} - \overset{B}{\Lambda}_2^{1-s} C_2^{s-1} \right)$$

$$\times \left\{ \left(\overset{B}{\Lambda}_1^s - \overset{B}{\Lambda}_2^s \right) - (1-s) \left(\overset{B}{\Lambda}_1^s \varphi_{S,1} - \overset{B}{\Lambda}_2^s \varphi_{S,2} \right) \right\}$$

$$+ \frac{1}{s} \left(\overset{B}{\Lambda}_3^{1-s} C_3^{s-1} \theta_3^i - \overset{B}{\Lambda}_2^{1-s} C_2^{s-1} \theta_2^i \right) \left(\overset{B}{\Lambda}_1^s \eta_{i,1} - \overset{B}{\Lambda}_2^s \eta_{i,2} \right) \tag{6.97}$$

が成立することである。また，ポテンシャル関数 $\varphi_S(\eta)$ とエントロピー $\overset{B}{S}(\check{p})$ の関係は，エントロピーが

$$\overset{B}{S}(\check{p}) = \frac{1}{s(1-s)} (\Xi - 1) \tag{6.98}$$

のように表されるので，これを式 (6.84) に代入することで

$$\int dx \, \check{p}^s \ln_s \check{p}_0 = -\varphi_S(\eta) - s \overset{B}{S}(\check{p}) \tag{6.99}$$

となるので

$$\overset{B}{S}(\check{p}) = -\frac{1}{s}\left(\varphi_S(\eta) + \int \mathrm{d}x\, \check{p}^s \ln_s \check{p}_0\right) \tag{6.100}$$

のようになることがわかる[†]。

ここまでで Legendre 変換により，$\psi_B(\theta) = \ln_s C$ として以下のようなポテンシャル関数 $\varphi_S(\eta)$ と変数 η_i を導入した。

$$\eta_i = \frac{\partial \psi_B}{\partial \theta^i} \tag{6.101}$$

$$\varphi_S(\eta) = \sum_{i=1}^{r} \theta^i \eta_i - \psi_B(\theta) \tag{6.102}$$

$$\theta^i = \frac{\partial \varphi_S}{\partial \theta^i} \tag{6.103}$$

ところが，この η_i は

$$\eta_i = \frac{\partial \psi_B}{\partial \theta^i} = \int \mathrm{d}x\, \check{p}^s x^i \tag{6.104}$$

であるため，規格化された確率密度関数による期待値とは異なっている。規格化された通常の期待値を得るためには

$$\Xi = \int \mathrm{d}x\, \check{p}^s \tag{6.105}$$

で割っておく必要がある。つまり

$$\Xi^{-1} \eta_i = \Xi^{-1} \frac{\partial \psi_B}{\partial \theta^i} \tag{6.106}$$

を考える必要がある。そのために，以下のような規格化された量を定義する。

$$\check{\eta}_i = \Xi^{-1} \eta_i = \Xi^{-1} \frac{\partial \psi_B}{\partial \theta^i} = \Xi^{-1} \int \mathrm{d}x\, \check{p}^s x^i \tag{6.107}$$

$$\check{\psi}_B = \Xi^{-1} \psi_B \tag{6.108}$$

$$\check{\varphi}_S = \Xi^{-1} \varphi_S \tag{6.109}$$

[†] ここで，平行移動の始点として可測関数 $\mathbf{1}_\Omega$（指示関数）を選ぶことにすれば，この積分の項は 0 となる。

このとき
$$\check{\varphi}_S = \sum_{i=1}^{r} \theta^i \check{\eta}_i - \check{\psi}_B \tag{6.110}$$
が成立する。ここで，θ^i はそのままであり，規格化されていないことに注意する。

さらに，つぎのような微分演算子†を定義する。
$$\overset{B}{D}_i = \frac{\partial}{\partial \theta^i} + a \Xi^{-1} \frac{\partial \Xi}{\partial \theta^i} \tag{6.111}$$
$$\overset{S}{D}^i = \Xi \left(\frac{\partial}{\partial \eta_i} + a \Xi^{-1} \frac{\partial \Xi}{\partial \eta_i} \right) \tag{6.112}$$

ただし，a はチャージ (charge) と呼ばれるものであり，チャージが a であるとは任意の可測関数 F に対して Ξ^{-a} が掛かることをいう。つまり，$\Xi^{-a}F$ のときチャージが a であるという。このとき
$$\overset{B}{D}_i \left(\Xi^{-a} F \right) = \left(\frac{\partial}{\partial \theta^i} + a \Xi^{-1} \frac{\partial \Xi}{\partial \theta^i} \right) \left(\Xi^{-a} F \right) = \Xi^{-a} \frac{\partial F}{\partial \theta^i} \tag{6.113}$$
$$\overset{S}{D}^i \left(\Xi^{-a} F \right) = \Xi \left(\frac{\partial}{\partial \eta_i} + a \Xi^{-1} \frac{\partial \Xi}{\partial \eta_i} \right) \left(\Xi^{-a} F \right) = \Xi^{1-a} \frac{\partial F}{\partial \eta_i} \tag{6.114}$$

が成り立っている。これらの微分演算子を用いると
$$\overset{B}{D}_i \check{\psi}_B = \left(\frac{\partial}{\partial \theta^i} + \Xi^{-1} \frac{\partial \Xi}{\partial \theta^i} \right) \left(\Xi^{-1} \psi_B \right) = \Xi^{-1} \eta_i \tag{6.115}$$
$$\overset{B}{D}_i \overset{B}{D}_j \check{\psi}_B = \left(\frac{\partial}{\partial \theta^i} + \Xi^{-1} \frac{\partial \Xi}{\partial \theta^i} \right) \left(\Xi^{-1} \eta_j \right) = \Xi^{-1} \frac{\partial^2 \psi_B}{\partial \theta^i \partial \theta^j} \tag{6.116}$$
$$\overset{S}{D}^i \check{\varphi}_S = \Xi \left(\frac{\partial}{\partial \eta_i} + \Xi^{-1} \frac{\partial \Xi}{\partial \eta_i} \right) \left(\Xi^{-1} \varphi_S \right) = \theta^i \tag{6.117}$$
$$\overset{S}{D}^i \overset{S}{D}^j \check{\varphi}_S = \Xi \left(\frac{\partial}{\partial \eta_i} \right) \left(\theta^j \right) = \Xi \frac{\partial^2 \varphi_S}{\partial \eta_i \partial \eta_j} \tag{6.118}$$

---

† この微分演算子は，元の関数 F が関数 G 倍されて GF になったとき，元の関数 F の微分 $\frac{\partial F}{\partial \theta^i}$ も同様に関数 G 倍になるように，つまり，$D_i(GF) = G \frac{\partial F}{\partial \theta^i}$ となるように微分演算子 D_i を定義したものである。この場合は，$D_i = \frac{\partial}{\partial \theta^i} - G^{-1} \frac{\partial G}{\partial \theta^i}$ とすればよい。

が成り立っているので，通常の確率密度関数による期待値を考えるときには使いやすいものになっている．このとき，共形計量行列 $(\check{g}_{ij})$ とその逆行列 $(\check{g}^{ij})$ を

$$\check{g}_{ij} = \Xi^{-1} \frac{\partial^2 \psi_B}{\partial \theta^i \partial \theta^j} \tag{6.119}$$

$$\check{g}^{ij} = \Xi \frac{\partial^2 \varphi_S}{\partial \eta_i \partial \eta_j} \tag{6.120}$$

のように定義すると

$$\overset{S}{D}{}^i = \Xi \sum_{j=1}^{r} \frac{\partial \theta^j}{\partial \eta_i} \overset{B}{D}_j = \sum_{j=1}^{r} \check{g}^{ij} \overset{B}{D}_j \tag{6.121}$$

のようになっていることがわかる．

ところで，ダイバージェンスの半正定値性がポテンシャル関数 ψ_B の**凸性** (convexity) からも得られることを確かめておく．まず，$\theta^0 = 0$ のときの Body 世界のダイバージェンスは

$$\overset{B}{D}(\check{p}_1 \| \check{p}_2) = \frac{1}{s} C_2^{s-1} \left\{ \psi_{B,2} - \psi_{B,1} - (\theta_2^i - \theta_1^i) \frac{\partial \psi_{B,1}}{\partial \theta_1^i} \right\} \tag{6.122}$$

なので，これは以下のように表現することができる．

$$s C_2^{1-s} \overset{B}{D}(\check{p}_1 \| \check{p}_2)$$
$$= \frac{\mathrm{d}}{\mathrm{d}t} \left\{ (1-t) \psi_B(\theta_1) + t \psi_B(\theta_2) - \psi_B((1-t)\theta_1 + t\theta_2) \right\} \bigg|_{t=0} \tag{6.123}$$

ここで，$\psi_B(\theta_a) = \psi_{B,a}$ のように表している．パラメータ t は平行移動を表すパラメータ s とは無関係であることに注意する．これはポテンシャル関数 $\psi_B(\theta)$ の凸性に依存したダイバージェンスの表現になっており，ポテンシャル関数の凸性より，ダイバージェンスが半正定値であることがわかる．

7 τ-情報幾何学における q-正規分布

ここでは，具体例として $r = 2$ の場合に得られる q-正規分布について考えていく。q-正規分布であることを意識するために平行移動の仕方を表すパラメータ τ の値として s ではなく q を用いることにする。この q-正規分布は，非指数型分布であるが $q = 1$（極限をとって考える）のときには正規分布に一致するので指数型分布族も含んでいる。特に，$q = 1 + 2/(n+1)$ のときには，q-正規分布は自由度 n の t-分布と一致し，$n = 1$ のときには $q = 2$ となり，Cauchy 分布を再現する。

また，規格化条件と平均と分散が存在するための条件により，q のとり得る値には制限があり，1 次元の確率変数を考える場合には $q < 3$ を満たす必要がある。さらに，q-正規分布は，$1 \leq q < 3$ のときノンコンパクトサポート[†]$(-\infty < x < \infty)$ を持ち，$q < 1$ のときにはコンパクトサポート

$$\mu - \sqrt{\frac{3-q}{1-q}}\sigma < x < \mu + \sqrt{\frac{3-q}{1-q}}\sigma \tag{7.1}$$

を持つ。ここで，μ は平均を表し，σ は標準偏差を表している。

7.1 q-正規分布

さて，**q-正規分布**（q-normal distribution）とはつぎのように定義される分

[†] サポートとは台のことであり，確率密度関数が 0 ではない値をとる領域を表している。つまり，関数 $f(x)$ のサポート $\mathrm{supp}(f)$ とは

$$\mathrm{supp}(f) = \{x \in X | f(x) \neq 0\}$$

のことである。

布であり，エスコート分布による期待値の意味で平均 μ と分散 σ^2 を与えたとき Tsallis エントロピーを最大にする分布として導出されたものであり，以下のようなべき型の確率密度関数である．

$$p_q(x;\mu,\sigma^2) = \frac{1}{Z_q}\left(1 - \frac{1-q}{3-q}\frac{(x-\mu)^2}{\sigma^2}\right)^{\frac{1}{1-q}} \tag{7.2}$$

ただし，規格化定数 Z_q は

$$Z_q = \begin{cases} \sqrt{\dfrac{3-q}{q-1}}\,\mathrm{Beta}\left(\dfrac{3-q}{2(q-1)}, \dfrac{1}{2}\right)\sigma, & 1 \leqq q < 3 \\ \sqrt{\dfrac{3-q}{1-q}}\,\mathrm{Beta}\left(\dfrac{2-q}{1-q}, \dfrac{1}{2}\right)\sigma, & q < 1 \end{cases} \tag{7.3}$$

のように与えられる．また，つねに

$$1 - \frac{1-q}{3-q}\frac{(x-\mu)^2}{\sigma^2} \geqq 0 \tag{7.4}$$

であることが要求されるので，$q<1$ のときには自動的に**カットオフ**（cutoff）

$$-\sqrt{\frac{3-q}{1-q}}\,\sigma < x < \sqrt{\frac{3-q}{1-q}}\,\sigma$$

が現れることになる．ここで，q-正規分布 $p_q(x;\mu,\sigma^2)$ のサポートを

$$\mathrm{supp}(p_q) = \begin{cases} \left\{x\,\middle|\, -\sqrt{\dfrac{3-q}{1-q}}\,\sigma < x < \sqrt{\dfrac{3-q}{1-q}}\,\sigma\right\}, & q < 1 \\ \left\{x\,\middle|\, -\infty < x < \infty\right\}, & 1 \leqq x < 3 \end{cases} \tag{7.5}$$

のように定義し，平行移動の始点として

$$p_0 = \mathbf{1}_{\mathrm{supp}(p_q)} \tag{7.6}$$

を選ぶことにする．このとき，$r=2$ のときの **τ-情報幾何**（τ-information geometry）での標準型は

$$\check{p} = \exp_q\left(C^{q-1}\left(\sum_{i=1}^{2}\theta^i x^i - \psi_q\right)\right) \tag{7.7}$$

7.1 q-正規分布

のようになる。

q-正規分布の式で，前に出ていた規格化定数 Z_q を括弧のなかに入れて整理して，τ-情報幾何での標準型と比較すると

$$\left(Z_q^{q-1} - Z_q^{q-1} \frac{1-q}{3-q} \frac{(x-\mu)^2}{\sigma^2} \right)^{\frac{1}{1-q}}$$

$$= \left(Z_q^{q-1} \left\{ 1 - (1-q) \frac{2}{3-q} \left(\frac{\mu^2}{2\sigma^2} \right) \right\} \right.$$

$$\left. + (1-q) Z_q^{q-1} \frac{2}{3-q} \left\{ \left(\frac{\mu}{\sigma^2} \right) x + \left(-\frac{1}{2\sigma^2} \right) x^2 \right\} \right)^{\frac{1}{1-q}}$$

$$= \exp_q \left(C^{q-1} \left(\sum_{i=1}^{2} \theta^i x^i - \ln_q C \right) \right) \tag{7.8}$$

のようになることから

$$C = Z_q \left\{ 1 - (1-q) \frac{2}{3-q} \left(\frac{\mu^2}{2\sigma^2} \right) \right\}^{-\frac{1}{1-q}} \tag{7.9}$$

であればよく

$$\theta^1 = \frac{2}{3-q} \left\{ 1 - (1-q) \frac{2}{3-q} \left(\frac{\mu^2}{2\sigma^2} \right) \right\}^{-1} \left(\frac{\mu}{\sigma^2} \right) \tag{7.10}$$

$$\theta^2 = \frac{2}{3-q} \left\{ 1 - (1-q) \frac{2}{3-q} \left(\frac{\mu^2}{2\sigma^2} \right) \right\}^{-1} \left(-\frac{1}{2\sigma^2} \right) \tag{7.11}$$

のように θ 座標を求めることができる。また，式 (7.10) と式 (7.11) より

$$\left\{ 1 - (1-q) \frac{2}{3-q} \left(\frac{\mu^2}{2\sigma^2} \right) \right\}^{-1} = 1 + (1-q) \left(-\frac{1}{4} \frac{(\theta^1)^2}{\theta^2} \right) \tag{7.12}$$

であることがわかるので，A_q を q のみに依存する係数として

$$Z_q = A_q \sigma$$

$$= A_q \left(\frac{2}{3-q} \right)^{\frac{1}{2}} \left\{ 1 + (1-q) \left(-\frac{1}{4} \frac{(\theta^1)^2}{\theta^2} \right) \right\}^{\frac{1}{2}} \left(-\frac{1}{2} \frac{1}{\theta^2} \right)^{\frac{1}{2}}$$

$$\tag{7.13}$$

のように θ 座標を用いて規格化定数を表すことができる。したがって

$$
C = Z_q \left\{ 1 + (1-q) \left(-\frac{1}{4} \frac{(\theta^1)^2}{\theta^2} \right) \right\}^{\frac{1}{1-q}}
$$

$$
= A_q \left(\frac{2}{3-q} \right)^{\frac{1}{2}} \left\{ 1 + (1-q) \left(-\frac{1}{4} \frac{(\theta^1)^2}{\theta^2} \right) \right\}^{\frac{3-q}{2(1-q)}} \left(-\frac{1}{2} \frac{1}{\theta^2} \right)^{\frac{1}{2}}
\tag{7.14}
$$

のように θ 座標を用いて C を表すことができる。このとき

$$
\psi_q(\theta) = \ln_q C = \frac{1}{1-q} \left(C^{1-q} - 1 \right)
\tag{7.15}
$$

である。

q-正規分布について直接計算することで，以下のような関係式を導くことができる。

$$
\Xi_q = \int dx \, p_q(x; \mu, \sigma^2)^q = \frac{3-q}{2} Z_q^{1-q}
\tag{7.16}
$$

この関係式を用いれば，θ 座標は

$$
\theta^1 = C^{1-q} \Xi_q^{-1} \left(\frac{\mu}{\sigma^2} \right)
\tag{7.17}
$$

$$
\theta^2 = C^{1-q} \Xi_q^{-1} \left(-\frac{1}{2\sigma^2} \right)
\tag{7.18}
$$

のように表すことができ

$$
C^{q-1} Z_q^{1-q} = \left\{ 1 + (1-q) \left(-\frac{1}{4} \frac{(\theta^1)^2}{\theta^2} \right) \right\}^{-1}
\tag{7.19}
$$

であることに注意すれば，式 (7.14) を直接微分することで

$$
\frac{\partial C}{\partial \theta^1} = C^q \Xi_q \left(-\frac{1}{2} \frac{\theta^1}{\theta^2} \right) = C^q \, \Xi_q \, \mu
\tag{7.20}
$$

$$
\frac{\partial C}{\partial \theta^2} = C^q \Xi_q \left(-\frac{1}{2} \frac{\theta^1}{\theta^2} \right)^2 + C \left(-\frac{1}{2} \frac{1}{\theta^2} \right) = C^q \, \Xi_q \left(\mu^2 + \sigma^2 \right)
\tag{7.21}
$$

7.1 q-正規分布

が得られる．そこで，これらを用いると

$$\frac{\partial \psi_q(\theta)}{\partial \theta^1} = \Xi_q \left(-\frac{1}{2}\frac{\theta^1}{\theta^2}\right) = \Xi_q \mu \tag{7.22}$$

$$\frac{\partial \psi_q(\theta)}{\partial \theta^2} = \Xi_q \left\{ \left(-\frac{1}{2}\frac{\theta^1}{\theta^2}\right)^2 + C^{1-q}\Xi_q^{-1}\left(-\frac{1}{2}\frac{1}{\theta^2}\right) \right\} = \Xi_q \left(\mu^2 + \sigma^2\right) \tag{7.23}$$

となることを確かめることができる．さらに

$$\frac{\partial p_q}{\partial \theta^i} = p_q^q \left\{ C^{q-1}\left(x^i - \frac{\partial \psi_q}{\partial \theta^i}\right) - (1-q)C^{-1}\frac{\partial C}{\partial \theta^i}\ln_q p_q \right\} \tag{7.24}$$

であることと

$$\frac{\partial \Xi_q}{\partial \theta^1} = \frac{2}{3-q}C^{q-1}\Xi_q^2 \frac{(1-q)^2}{2}\left(-\frac{1}{2}\frac{\theta^1}{\theta^2}\right) \tag{7.25}$$

$$\frac{\partial \Xi_q}{\partial \theta^2} = \frac{2}{3-q}C^{q-1}\Xi_q^2 \frac{(1-q)^2}{2}\left(-\frac{1}{2}\frac{\theta^1}{\theta^2}\right)^2 + (1-q)\Xi_q\left(-\frac{1}{2}\frac{1}{\theta^2}\right) \tag{7.26}$$

であることも実際に微分することで確かめることができる．これらを用いることで計量はつぎのようになることがわかる（$(1-q)$ のべきで整理している）．

$$\frac{\partial^2 \psi_q}{\partial \theta^1 \partial \theta^1} = \Xi_q\left(-\frac{1}{2}\frac{1}{\theta^2}\right) + \frac{2}{3-q}C^{q-1}\Xi_q^2 \frac{(1-q)^2}{2}\left(-\frac{1}{2}\frac{\theta^1}{\theta^2}\right)^2 \tag{7.27}$$

$$\frac{\partial^2 \psi_q}{\partial \theta^1 \partial \theta^2} = \Xi_q \frac{1}{2}\frac{\theta^1}{(\theta^2)^2} + \Xi_q \frac{1-q}{2}\frac{1}{2}\frac{\theta^1}{(\theta^2)^2}$$
$$+ \frac{2}{3-q}C^{q-1}\Xi_q^2 \frac{(1-q)^2}{2}\left(-\frac{1}{2}\frac{\theta^1}{\theta^2}\right)^3 \tag{7.28}$$

$$\frac{\partial^2 \psi_q}{\partial \theta^2 \partial \theta^2} = \Xi_q \left\{ -\frac{1}{2}\frac{(\theta^1)^2}{(\theta^2)^3} + \frac{1}{2}\frac{1}{(\theta^2)^2} \right\} - \Xi_q \frac{3(1-q)}{4}\frac{1}{2}\frac{(\theta^1)^2}{(\theta^2)^3}$$
$$+ \frac{2}{3-q}C^{q-1}\Xi_q^2 \frac{(1-q)^2}{2}\left(-\frac{1}{2}\frac{\theta^1}{\theta^2}\right)^4 \tag{7.29}$$

Fisher 計量との関係は

$$\Xi_q = \frac{3-q}{2} C^{1-q} \left\{ 1 + (1-q)\left(-\frac{1}{4}\frac{(\theta^1)^2}{\theta^2}\right) \right\}^{-1} \tag{7.30}$$

であることに注意すれば

$$\frac{\partial^2 \psi_q}{\partial \theta^i \partial \theta^j} = qC^{1-q} \left(g^{Fisher}\right)_{ij} \tag{7.31}$$

の関係から求めることができる。

これでさまざまな幾何学的量や分布間のダイバージェンスなどを計算するために必要な量はすべて揃ったことになる。

ここで，$q \to 1$ の極限を考えると，通常の正規分布の場合と一致する結果が得られていることがわかる。このように，τ-情報幾何では指数型分布も非指数型分布も区別することなく同じ枠組みで考えることができる。

ところで，q-正規分布は，それ自身で確率密度関数になっているのだが，その期待値はエスコート分布でとることになっている。ここでの定義では，可測関数の期待値とは，スケール方向（θ^0 方向）のスコア関数への射影のことであり，単に確率密度関数に可測関数を掛けて積分したものとは異なっている。期待値の意味が明確に定義されているので，確率密度関数を用いて期待値をとれる場合は $q=1$，すなわち正規分布の場合のみであることがわかる。

以下に，**中心モーメント**（center moment）の公式[†]を挙げておく。まず，$q > 1$ のとき，$\lceil x \rceil$ で x を超える最小の整数を表すことにし

$$m = \left\lceil \frac{3-q}{2(q-1)} \right\rceil \tag{7.32}$$

とすれば，$2m$ 次中心モーメントまで存在し，$k = 0, 1, \cdots, m$ に対して

[†] k 次中心モーメントとは

$$\mathrm{E}_q\left[(X-\mu)^k\right] = \frac{1}{\Xi} g^{00} \left\langle \left. \overset{S}{\ell}_0 \right| (x-\mu)^k \right\rangle = \frac{1}{\Xi_q} \int \mathrm{d}x \, p^q \, (x-\mu)^k$$

である。

$$\mathrm{E}_q\bigl[(X-\mu)^{2k}\bigr] = \left(\frac{3-q}{q-1}\sigma^2\right)^k \frac{\mathrm{Beta}\left(\frac{q+1}{2(q-1)}-k, \frac{1}{2}+k\right)}{\mathrm{Beta}\left(\frac{q+1}{2(q-1)}, \frac{1}{2}\right)} \quad (7.33)$$

で与えられる。

$q=1$ のときは，すべての次数で中心モーメントが存在し

$$\mathrm{E}_q\bigl[(X-\mu)^{2k}\bigr] = \frac{2^k}{\sqrt{\pi}}\Gamma\left(\frac{1}{2}+k\right)\sigma^{2k} \quad (7.34)$$

で与えられる。

また，$q<1$ のときは，すべての次数で中心モーメントが存在し

$$\mathrm{E}_q\bigl[(X-\mu)^{2k}\bigr] = \left(\frac{3-q}{1-q}\sigma^2\right)^k \frac{\mathrm{Beta}\left(\frac{1}{1-q}, \frac{1}{2}+k\right)}{\mathrm{Beta}\left(\frac{1}{1-q}, \frac{1}{2}\right)} \quad (7.35)$$

で与えられる。

この q-正規分布は，**不確定性関係**（uncertainty relation）において正規分布と非常に近い関係を持っている。具体的には，$-1<q<7/3$ のとき

$$\Delta x\,\Delta \omega = \sqrt{\frac{(5-q)}{2(7-3q)(1+q)}} \quad (7.36)$$

であり，分散 σ^2 に依存せず q の値のみで決定されていることがわかる。この不確定性関係の様子を図 **7.1** に示した。そのグラフを見ると，$q<1$ のコンパクトなサポートを持つ場合でも正規分布（$q=1$）と遜色ない不確定性関係を満たしていることもわかる。図 7.1 のグラフではわかりにくいが $q=1$ で極小値（最小値）をとる凸関数になっている。

ちなみに，$q=1$ の正規分布のときの不確定性関係は

$$\Delta x\,\Delta \omega = \frac{1}{2} \quad (7.37)$$

のようになっている。

また，3 次元空間での空間回転を 2 次元平面に射影して得られる変換群を**射影**

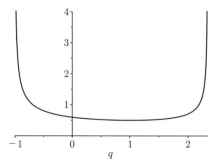

図 7.1　q-正規分布の不確定性関係：$-1 < q < \dfrac{7}{3}$

回転群（projected rotation group）と呼ぶが，この射影回転群の下での不変量を抽出する基底関数（不変測度）は，実は $q = 5/3$ の 2 変量 q-正規分布である[†1]。D 変量の q-正規分布は，平均が 0 になるようにシフトし分散・共分散行列を対角化した後の表示として[†2]，つぎのように与えられる．まず，$1 \leqq q < 1 + 2/D$ のとき（この q に対する制限は Gamma 関数の argument を正にするために付

[†1] 3 次元の空間回転の原点と射影する 2 次元平面までの距離が標準偏差 $\sqrt{2}\sigma$ になる．つまり，分散・共分散行列は $\begin{pmatrix} \sigma^2 & 0 \\ 0 & \sigma^2 \end{pmatrix}$ である．ピンホールカメラを考えれば，ピンホールの位置を原点として物体を回転し，投影面を 2 次元平面と考えればよい．ただし，3 次元の回転により投影面の裏側には物体を移動させないことにするため極角を $0 \leqq \theta < \pi/2$ に制限するので，$q = 5/3$ の 2 変量 q-正規分布を $\sqrt{\pi}$ 倍したものに等しくなっている．このとき，投影面である 2 次元平面上の点の座標を (x,y) とすれば，射影回転群の表現は球面調和関数

$$Y_\ell^m\left(\arctan\left(\frac{\sqrt{x^2+y^2}}{\sqrt{2}\sigma}\right), \arctan\left(\frac{y}{x}\right)\right) \frac{\sqrt{2}\sigma \mathrm{d}x\mathrm{d}y}{(2\sigma^2 + x^2 + y^2)^{\frac{3}{2}}}$$

で与えられる．射影回転群のもとで不変量を与える不変測度は $\ell = 0, m = 0$ とおくと，

$$Y_0^0\left(\arctan\left(\frac{\sqrt{x^2+y^2}}{\sqrt{2}\sigma}\right), \arctan\left(\frac{y}{x}\right)\right) = \sqrt{\frac{1}{4\pi}}$$ なので

$$\frac{1}{2\sqrt{\pi}} \frac{\sqrt{2}\sigma \mathrm{d}x\mathrm{d}y}{(2\sigma^2 + x^2 + y^2)^{\frac{3}{2}}} = \sqrt{\pi}\, p_{q=\frac{5}{3}}(x,y)\, \mathrm{d}x\mathrm{d}y$$

のように与えられる．つまり，$q = 5/3$ の 2 変量 q-正規分布の $\sqrt{\pi}$ 倍と一致しているのである．

[†2] このようなとき，正規分布の場合には，対角化した後の確率変数はたがいに独立になっている．しかし，q-正規分布の場合には，対角化した後の確率変数はたがいに無相関になるだけである．

いている)

$$p_q(\boldsymbol{x}) = \frac{1}{\left(\dfrac{3-q}{q-1}\pi\right)^{\frac{D}{2}} \left(\displaystyle\prod_{j=1}^{D}\sigma_j\right)} \frac{\Gamma\left(\dfrac{1}{q-1}\right)}{\Gamma\left(\dfrac{1}{q-1}-\dfrac{D}{2}\right)} \left(1 - \dfrac{1-q}{3-q}\sum_{i=1}^{D}\dfrac{x_i^2}{\sigma_i^2}\right)^{\frac{1}{1-q}}$$

(7.38)

のように与えられ，$q < 1$ のとき

$$p_q(\boldsymbol{x}) = \frac{1}{\left(\dfrac{3-q}{1-q}\pi\right)^{\frac{D}{2}} \left(\displaystyle\prod_{j=1}^{D}\sigma_j\right)} \frac{\Gamma\left(\dfrac{2-q}{1-q}+\dfrac{D}{2}\right)}{\Gamma\left(\dfrac{2-q}{1-q}\right)} \left(1 - \dfrac{1-q}{3-q}\sum_{i=1}^{D}\dfrac{x_i^2}{\sigma_i^2}\right)^{\frac{1}{1-q}}$$

(7.39)

のように与えられる．

ところで，これは同じ q の値を持つ非加法的エントロピー (Havrda-Charvát エントロピー) を，平均と分散・共分散行列が指定されたもとで最大にする分布でもあるので，**情報量最大化基準** (infomax)[†]のもとで得られる確率分布にもなっている．

q-正規分布についての詳細に興味のある読者は，文献[9)]を見るとよい．

7.2 q-正規分布の Bayes 表現

ここでは，q-正規分布の Bayes 表現についてまとめておく．つまり，**事前分布** (prior distribution) $p(t; k, \theta)$ と尤度 $p\left(x \left| \dfrac{1}{t}; \mu, \theta\right.\right)$ との積により，確率変数 X と T の同時分布 $p(x, t; \mu, k, \theta)$ を作る．その後，周辺化により得られる $p(x; \mu, k, \theta)$ が q-正規分布に対応することになる．

[†] Linsker らは情報量最大保持原理とも呼んでいた．

7. τ-情報幾何学における q-正規分布

まず，以下のよく知られた Gamma 関数または Beta 関数に関する結果 (7.44) が，q-正規分布とどのように対応するのかを示すことにする。

θ の符号に依存した正規分布

$$p\left(x;\mu,\frac{1}{t},\theta\right) = \frac{1}{\sqrt{2\pi\dfrac{1}{t}}} \exp\left(-\frac{\theta}{|\theta|}\frac{(x-\mu)^2}{2\dfrac{1}{t}}\right) \tag{7.40}$$

において，分散 $1/t$ を確率変数として考える。このとき，正規分布を分散が指定された条件付き確率

$$p\left(x\left|\frac{1}{t};\mu,\theta\right.\right) = p\left(x;\mu,\frac{1}{t},\theta\right) \tag{7.41}$$

とみなす。ただし，$\theta < 0$ の場合には，本来の正規分布とは異なるが形式的に正規分布と呼ぶことにする。また，$\theta < 0$ のときには，後で示されるように確率変数 X の値の範囲には制限が付くことになる。

つぎに，分散の事前分布として Gamma 分布（T は確率変数，k は形状母数，$|\theta|$ は尺度母数）[†1]

$$p(t;k,\theta) = \frac{\left(\dfrac{t}{|\theta|}\right)^{k-1}\exp\left(-\dfrac{t}{|\theta|}\right)}{|\theta|\,\Gamma(k)} \tag{7.42}$$

を考えると，これらの積により確率変数 X と確率変数 T に関する同時分布

$$p(x,t;\mu,k,\theta) = p\left(x\left|\frac{1}{t};\mu,\theta\right.\right)p(t;k,\theta) \tag{7.43}$$

が得られる。この同時分布は，揺らぎ（分散 $1/t$）[†2]の大きさの逆数についての確率分布が Gamma 分布で与えられるとき，その揺らぎの大きさを分散としてもつ正規分布との積で表されている。

[†1] Gamma 分布は，あるイベントが期間 $|\theta|$ ごとにほぼ 1 回起こるとき，それが k 回起こるまでの期間を表す分布である。なぜなら，平均 $|\theta|$ の指数分布に従うたがいに独立な確率変数 $X_1, X_2, \cdots, X_k$ から，確率変数 $Z = \sum_{i=1}^{k} X_i$ を作ると，この確率変数 Z は尺度母数 $|\theta|$，形状母数 k の Gamma 分布に従うからである。

[†2] 物理学でいう揺らぎとは，統計学での分散のことである。

この同時分布を確率変数 T について周辺化すると

$$p(x; \mu, k, \theta)$$
$$= \int_0^\infty dt\, p\left(x \middle| \frac{1}{t}; \mu\right) p(t; k, \theta)$$
$$= \int_0^\infty dt \frac{1}{\sqrt{2\pi \frac{1}{t}}} \exp\left(-\frac{\theta}{|\theta|} \frac{(x-\mu)^2}{2\frac{1}{t}}\right) \frac{\left(\frac{t}{|\theta|}\right)^{k-1} \exp\left(-\frac{t}{|\theta|}\right)}{|\theta|\,\Gamma(k)}$$
$$= \int_0^\infty dt \frac{1}{\sqrt{2\pi}} \exp\left(-\left(1+\frac{\theta}{2}(x-\mu)^2\right)\frac{t}{|\theta|}\right) \frac{\left(\frac{t}{|\theta|}\right)^{k-\frac{1}{2}}}{\sqrt{|\theta|}\Gamma(k)}$$
$$= \frac{1}{\mathrm{Beta}\left(k, \frac{1}{2}\right)} \sqrt{\frac{|\theta|}{2}} \left(1+\frac{\theta}{2}(x-\mu)^2\right)^{-k-\frac{1}{2}} \qquad (7.44)$$

が得られる。

このとき, $1+\frac{\theta}{2}(x-\mu)^2 \geqq 0$ が成り立つことを要求するので, $\theta > 0$ のとき x の動く範囲は $(-\infty, \infty)$ であり, $\theta < 0$ のとき x の動く範囲は

$$\mu - \sqrt{-\frac{2}{\theta}} \leqq x \leqq \mu + \sqrt{-\frac{2}{\theta}} \qquad (7.45)$$

となる。ここで

$$k = \frac{3-q}{2(q-1)} \qquad (7.46)$$

$$\theta = \frac{2(q-1)}{3-q} \frac{1}{\sigma^2} \qquad (7.47)$$

とおくと

$$\left(1+\frac{\theta}{2}(x-\mu)^2\right)^{-k-\frac{1}{2}} = \left(1 - \frac{1-q}{3-q}\frac{(x-\mu)^2}{\sigma^2}\right)^{\frac{1}{1-q}} \qquad (7.48)$$

となり, 規格化定数の Beta 関数にも同様に k を代入することで, $1 < q < 5/3$ に対する q-正規分布

$$p_q(x;\mu,\sigma^2)$$
$$= \frac{\sqrt{\dfrac{q-1}{3-q}\dfrac{1}{\sigma^2}}}{\mathrm{Beta}\left(\dfrac{3-q}{2(q-1)},\dfrac{1}{2}\right)}\left(1-\dfrac{1-q}{3-q}\dfrac{(x-\mu)^2}{\sigma^2}\right)^{\frac{1}{1-q}} \quad (7.49)$$

を得ることができる。すなわち，$\theta > 0$ となり

$$p_q(x;\mu,\sigma^2)$$
$$= p_q\left(x;\mu,\dfrac{1}{k\theta}\right)$$
$$= \int_0^\infty dt \dfrac{1}{\sqrt{2\pi\dfrac{1}{t}}}\exp\left(-\dfrac{(x-\mu)^2}{2\dfrac{1}{t}}\right)\dfrac{\left(\dfrac{t}{\theta}\right)^{k-1}\exp\left(-\dfrac{t}{\theta}\right)}{\theta\Gamma(k)} \quad (7.50)$$

が成り立っている。$q=1$ の場合には，極限で対応する。また，$q<1$ のときには，コンパクトなサポート

$$\mu - \sqrt{\dfrac{3-q}{1-q}\sigma^2} \leqq x \leqq \mu + \sqrt{\dfrac{3-q}{1-q}\sigma^2} \quad (7.51)$$

を持つが，これは式 (7.45) により満たされている。このとき，q-正規分布自身は

$$p_q(x;\mu,\sigma^2)$$
$$= \dfrac{\sqrt{\dfrac{1-q}{3-q}\dfrac{1}{\sigma^2}}}{\mathrm{Beta}\left(\dfrac{2-q}{1-q},\dfrac{1}{2}\right)}\left(1-\dfrac{1-q}{3-q}\dfrac{(x-\mu)^2}{\sigma^2}\right)^{\frac{1}{1-q}} \quad (7.52)$$

のように定義されている。

ところで，$q<1$ のときには，Gamma 関数の満たす公式

$$\Gamma(-z) = -\dfrac{\pi}{\sin\pi z}\dfrac{1}{\Gamma(z+1)} \quad (7.53)$$

より

$$\Gamma\left(-\frac{3-q}{2(1-q)}\right) = -\frac{\pi}{\cos\dfrac{\pi}{1-q}} \frac{1}{\Gamma\left(\dfrac{2-q}{1-q}+\dfrac{1}{2}\right)} \tag{7.54}$$

$$\Gamma\left(-\frac{3-q}{2(1-q)}+\frac{1}{2}\right) = -\frac{\pi}{\sin\dfrac{\pi}{1-q}} \frac{1}{\Gamma\left(\dfrac{2-q}{1-q}\right)} \tag{7.55}$$

が得られるので

$$\begin{aligned}
\mathrm{Beta}\left(-\frac{3-q}{2(1-q)},\frac{1}{2}\right) &= \frac{\sin\dfrac{\pi}{1-q}\Gamma\left(\dfrac{2-q}{1-q}\right)\sqrt{\pi}}{\cos\dfrac{\pi}{1-q}\Gamma\left(\dfrac{2-q}{1-q}+\dfrac{1}{2}\right)}\\
&= \tan\frac{\pi}{1-q}\mathrm{Beta}\left(\frac{2-q}{1-q},\frac{1}{2}\right)
\end{aligned} \tag{7.56}$$

が導かれる. これから, $q<1$ のときには $\theta<0$ なので

$$p_q(x;\mu,\sigma^2) = p_q\left(x;\mu,\frac{1}{k\theta}\right) \tag{7.57}$$

$$= \tan\frac{\pi}{1-q}$$

$$\times \int_0^\infty dt \frac{1}{\sqrt{2\pi\dfrac{1}{t}}}\exp\left(\frac{(x-\mu)^2}{2\dfrac{1}{t}}\right)\frac{\left(-\dfrac{t}{\theta}\right)^{k-1}\exp\left(\dfrac{t}{\theta}\right)}{(-\theta)\,\Gamma(k)} \tag{7.58}$$

が成立することがわかる. ただし

$$\frac{(x-\mu)^2}{2} + \frac{1}{\theta} < 0 \tag{7.59}$$

が積分が収束するための条件として現れる. すなわち, 式 (7.45) である.

これらのことから, あらゆる揺らぎの大きさを分散に持つ正規分布を, その揺らぎの大きさの逆数が従う Gamma 分布を重みとして足し上げると, q-正規分布が得られるということが示された. つまり, q-正規分布は, この意味において, あらゆるスケールを含んでいることになる.

8 τ-アファイン構造の多重性

τ-アファイン構造の多重性とは，τ の値により指定される τ-アファイン構造が，τ-変換と呼ばれる操作により，異なる τ の値を持つ τ-アファイン構造へと変換されることをいう。ここで τ-変換とは，確率密度関数をべき乗して規格化することで得られるエスコート分布というものが，実は同じ確率分布族の異なる確率密度関数になっているということを示す変換である。τ-変換に対する一般的な定義を与えた後に，q-正規分布族に対する具体的な τ-変換を考察する。それにより，q-正規分布から得られるエスコート分布は，τ-変換（パラメータ q の値の変換と同時に分散のスケール変換も行うこと）により，異なる q-正規分布に写されるということが具体的に示される。これは，平行移動の量を変換したことに対応している。

つまり，エスコート分布を考えるということは，τ-情報幾何学の枠組みでは，元の q-正規分布を始点として適当な平行移動を行うことで得られる終点の q-正規分布を考えることに対応しているのである。

8.1 τ-変換

ここでは，期待値の定義

$$\mathrm{E}_s[f(X)] = \frac{1}{\Xi} g^{00} \left\langle \begin{matrix} s \\ \ell_0 \end{matrix} \middle| f(x) \right\rangle = \frac{1}{\Xi} \int \mathrm{d}x \, \check{p}^s f(x) \tag{8.1}$$

に現れるエスコート分布 $\frac{1}{\Xi}\check{p}^s$ について考える。

まず，平行移動の始点として

$$p_0 = \mathbf{1}_{\mathrm{supp}(\check{p})} \tag{8.2}$$

を選ぶことにすれば,平行移動後の確率密度関数 $\check{p}$ は, ψ_B を ψ_s と書くことにして

$$\check{p} = \exp_s\left(C^{s-1}\left(\sum_{i=1}^r \theta^i x^i - \psi_s\right)\right)$$

$$= \left\{1 + (1-s)\,C^{s-1}\left(\sum_{i=1}^r \theta^i x^i - \psi_s\right)\right\}^{\frac{1}{1-s}} \tag{8.3}$$

のように表すことができる。このとき

$$\Xi = \int \mathrm{d}x\, \check{p}^s \tag{8.4}$$

なので, $\check{p}$ のエスコート分布は

$$\frac{1}{\Xi}\check{p}^s = \left\{1 + (1-s)\,\Xi^{\frac{s-1}{s}} C^{s-1}\left(\sum_{i=1}^r \theta^i x^i - \psi_s - C^{1-s}\ln_s \Xi^{\frac{1}{s}}\right)\right\}^{\frac{s}{1-s}} \tag{8.5}$$

のように表される。ここで

$$s' = 2 - \frac{1}{s} \tag{8.6}$$

とおくと

$$\frac{1}{1-s'} = \frac{s}{1-s} \tag{8.7}$$

のようになり,さらに

$$C' = \Xi C^s \tag{8.8}$$

$$\theta'^i = s\,\theta^i \tag{8.9}$$

$$\psi'_{s'} = \ln_{s'} C' = s\,\ln_s\left(\Xi^{\frac{1}{s}} C\right) = s\left(\psi_s + C^{1-s}\ln_s \Xi^{\frac{1}{s}}\right) \tag{8.10}$$

とおくと

$$\left\{1+(1-s)\,\Xi^{\frac{s-1}{s}}C^{s-1}\left(\sum_{i=1}^{r}\theta^{i}x^{i}-\psi_{s}-C^{1-s}\ln_{s}\Xi^{\frac{1}{s}}\right)\right\}^{\frac{s}{1-s}}$$

$$=\left\{1+(1-s')\,(\Xi C^{s})^{s'-1}\left(\sum_{i=1}^{r}s\,\theta^{i}x^{i}-s\left(\psi_{s}+C^{1-s}\ln_{s}\Xi^{\frac{1}{s}}\right)\right)\right\}^{\frac{1}{1-s'}}$$

$$=\left\{1+(1-s')\,C'^{s'-1}\left(\sum_{i=1}^{r}\theta'^{i}x^{i}-\psi'_{s'}\right)\right\}^{\frac{1}{1-s'}} \tag{8.11}$$

が得られる．このことから，エスコート分布に対して一連の変換 (8.6)，(8.8)，(8.9)，(8.10) を行うことで，新たな確率分布が得られることを示している．

すなわち，エスコート分布は，元の確率分布 $\check{p}$ とは異なる別の確率分布 $\check{p}'$ を表しており，それらは式 (8.6)，(8.8)，(8.9)，(8.10) でつながっている．

このようにして，確率密度関数のエスコート分布から新たな確率密度関数を構成する操作を **τ-変換** (τ-transformation) と呼ぶ．この τ-変換は，一部の統計量のスケール変換[†]を同時に行うことも含んでいる．このことについて，q-正規分布に対する τ-変換を具体的に行うことで示すことにする．

8.2 q-正規分布の τ-変換

ここでは，具体的に q-正規分布の場合について τ-変換を考えていくことにする．

まず，q-正規分布

$$p_{q}(x;\mu,\sigma^{2})=\frac{1}{Z_{q}}\left(1-\frac{1-q}{3-q}\frac{(x-\mu)^{2}}{\sigma^{2}}\right)^{\frac{1}{1-q}} \tag{8.12}$$

のエスコート分布は

$$\frac{1}{\Xi_{q}}p_{q}(x;\mu,\sigma^{2})^{q}=\frac{1}{\Xi_{q}Z_{q}^{q}}\left(1-\frac{1-q}{3-q}\frac{(x-\mu)^{2}}{\sigma^{2}}\right)^{\frac{q}{1-q}} \tag{8.13}$$

[†] 平行移動のパラメータを取り替えることになるため，自動的にスケール変換が生じることになる．そのパラメータの取替えに伴うスケール変換を吸収するために分布のスケールに関わる統計量（分散など）がスケール変換を受けることになる．

のように与えられる。ただし

$$\Xi_q = \frac{3-q}{2} Z_q^{1-q} \tag{8.14}$$

である。ここで

$$q' = 2 - \frac{1}{q} \tag{8.15}$$

とすれば

$$\frac{1}{\Xi_q Z_q^q} \left(1 - \frac{1-q}{3-q} \frac{(x-\mu)^2}{\sigma^2}\right)^{\frac{q}{1-q}} = \frac{1}{Z_{q'}} \left(1 - \frac{1-q'}{3-q'} \frac{(x-\mu)^2}{\frac{5-3q'}{3-q'}\sigma^2}\right)^{\frac{1}{1-q'}} \tag{8.16}$$

となるので

$$Z_{q'} = \Xi_q Z_q^q = \frac{3-q}{2} Z_q \tag{8.17}$$

$$\sigma' = \sqrt{\frac{5-3q'}{3-q'}} \sigma = \sqrt{\frac{3-q}{1+q}} \sigma \tag{8.18}$$

であることがわかる。つまり，q の値だけでなく分散も同時にスケール変換することで，別の q-正規分布を得ることができる。これが q-正規分布に対する τ-変換である。

この分散のスケール変換は，$A_{q'}$ に含まれる q' を q で書き直すと，Gamma 関数の性質のみを用いて

$$A_{q'} = \frac{\sqrt{(3-q)(1+q)}}{2} A_q \tag{8.19}$$

であることが導かれ，$Z_{q'} = A_{q'} \sigma'$ とすれば式 (8.17) が再現されることからも必要であることがわかる。

ところで，τ-変換の定義に従えば

$$C = Z_q \left\{1 + (1-q)\left(-\frac{1}{4} \frac{(\theta^1)^2}{\theta^2}\right)\right\}^{\frac{1}{1-q}} \tag{8.20}$$

8. τ-アファイン構造の多重性

$$\theta^1 = C^{1-q}\Xi_q^{-1}\left(\frac{\mu}{\sigma^2}\right) \tag{8.21}$$

$$\theta^2 = C^{1-q}\Xi_q^{-1}\left(-\frac{1}{2\sigma^2}\right) \tag{8.22}$$

として，q-正規分布を書き直すと

$$p_q(x;\theta) = \left\{1 + (1-q)\,C^{q-1}\left(\sum_{i=1}^{2}\theta^i x^i - \psi_q(\theta)\right)\right\}^{\frac{1}{1-q}} \tag{8.23}$$

のようになり，エスコート分布は，$q' = 2 - 1/q$ より

$$\frac{1}{\Xi_q}p_q(x;\theta)^q = \left\{1 + (1-q')\,C'^{q'-1}\left(\sum_{i=1}^{2}\theta'^i x^i - \psi'_{q'}\right)\right\}^{\frac{1}{1-q'}} \tag{8.24}$$

のように与えられる。ただし

$$C' = \Xi_q C^q \tag{8.25}$$

$$\theta'^i = q\,\theta^i \tag{8.26}$$

$$\psi'_{q'} = q\ln_q\left(\Xi_q^{\frac{1}{q}} C\right) \tag{8.27}$$

である。これらは，元の量（プライムの付いていない量）に式 (8.15) と式 (8.18) を代入することでも得ることができる。

例えば，θ'^2 について考えてみる。$s = q'$ では

$$\theta'^2 = C'^{1-q'}\Xi_{q'}^{-1}\left(-\frac{1}{2\sigma'^2}\right) \tag{8.28}$$

なので，この式を変形していくことで式 (8.26) の型が再現されることを確認し，分散のスケール変換が必要なことを再度確認してみよう。そのために，$\Xi_{q'}$ の変換性を導いておく。

$$\Xi_{q'} = \frac{3-q'}{2}Z_{q'}^{1-q'} = \frac{1+\frac{1}{q}}{2}\left(\frac{3-q}{2}Z_q\right)^{\frac{1-q}{q}}$$

$$= \frac{q+1}{2q}\frac{2}{3-q}\left(\frac{3-q}{2}Z_q^{1-q}\right)^{\frac{1}{q}} = \frac{1}{q}\frac{q+1}{3-q}\Xi_q^{\frac{1}{q}} \tag{8.29}$$

8.2 q-正規分布の τ-変換

これを用いると

$$\theta'^2 = C'^{1-q'} \cdot \Xi_{q'}^{-1} \cdot \left(-\frac{1}{2\sigma'^2}\right)$$

$$= C^{1-q} \Xi_q^{\frac{1-q}{q}} \cdot q \frac{3-q}{q+1} \Xi_q^{-\frac{1}{q}} \cdot \frac{1+q}{3-q} \left(-\frac{1}{2\sigma^2}\right)$$

$$= q \left(C^{1-q} \Xi_q^{-1} \left(-\frac{1}{2\sigma^2}\right) \right)$$

$$= q \, \theta^2 \tag{8.30}$$

θ'^1 についても, まったく同様に σ'^2 がスケール変換されていることに注意すれば, 式 (8.26) が成り立っていることを確かめることができる.

規格化に関わる量の変換についてまとめておくと

$$\sigma'^2 = \frac{3-q}{1+q}\sigma^2 \tag{8.31}$$

$$Z_{q'} = \frac{3-q}{2} Z_q \tag{8.32}$$

$$C' = \Xi_q C^q \tag{8.33}$$

$$\Xi_{q'} = \frac{1}{q}\frac{1+q}{3-q} \Xi_q^{\frac{1}{q}} \tag{8.34}$$

のようになる.

つぎに, ポテンシャル関数 ψ の θ^i 微分で得られる η_i は, どのような変換を受けることになるのかについて考える. まず, ポテンシャル関数 ψ は

$$\psi'_{q'} = q \left(\psi_q + C^{1-q} \ln_q \Xi_q^{\frac{1}{q}} \right) = \frac{q}{1-q} \left(\Xi_q^{\frac{1-q}{q}} C^{1-q} - 1 \right) \tag{8.35}$$

のように変換することに注意する. ここで

$$\frac{\partial \Xi_q}{\partial \theta^1} = \frac{2}{3-q} C^{q-1} \Xi_q^2 \frac{(1-q)^2}{2} \left(-\frac{1}{2}\frac{\theta^1}{\theta^2}\right) \tag{8.36}$$

$$\frac{\partial \Xi_q}{\partial \theta^2} = \frac{2}{3-q} C^{q-1} \Xi_q^2 \frac{(1-q)^2}{2} \left(-\frac{1}{2}\frac{\theta^1}{\theta^2}\right)^2 + (1-q) \Xi_q \left(-\frac{1}{2}\frac{1}{\theta^2}\right) \tag{8.37}$$

8. τ-アファイン構造の多重性

であり

$$C^{-q}\frac{\partial C}{\partial \theta^1} = \Xi_q\left(-\frac{1}{2}\frac{\theta^1}{\theta^2}\right) \tag{8.38}$$

$$C^{-q}\frac{\partial C}{\partial \theta^2} = \Xi_q\left(-\frac{1}{2}\frac{\theta^1}{\theta^2}\right)^2 + C^{1-q}\left(-\frac{1}{2}\frac{1}{\theta^2}\right) \tag{8.39}$$

であることを思い出そう。

座標に関しては，分散のスケール変換を考慮して

$$\theta'^i = q\,\theta^i \tag{8.40}$$

であるので

$$\begin{aligned}
\eta'_1 &= \sum_{j=1}^{2} \frac{\partial \theta^j}{\partial \theta'^1} \frac{\partial \psi'_{q'}}{\partial \theta^j} \\
&= C^{-q}\frac{\partial C}{\partial \theta^1}\Xi_q^{\frac{1}{q}-1} + \frac{1}{q}C^{1-q}\Xi_q^{\frac{1}{q}-2}\frac{\partial \Xi_q}{\partial \theta^1} \\
&= \Xi_q^{\frac{1}{q}}\left(-\frac{1}{2}\frac{\theta^1}{\theta^2}\right) + \frac{1}{q}\Xi_q^{\frac{1}{q}}\frac{(1-q)^2}{3-q}\left(-\frac{1}{2}\frac{\theta^1}{\theta^2}\right) \\
&= \frac{1}{q}\frac{1+q}{3-q}\Xi_q^{\frac{1}{q}}\left(-\frac{1}{2}\frac{\theta^1}{\theta^2}\right) \\
&= \Xi_{q'}\mu
\end{aligned} \tag{8.41}$$

となる。また

$$\begin{aligned}
\eta'_2 &= \sum_{j=1}^{2} \frac{\partial \theta^j}{\partial \theta'^2} \frac{\partial \psi'_{q'}}{\partial \theta^j} \\
&= C^{-q}\frac{\partial C}{\partial \theta^2}\Xi_q^{\frac{1}{q}-1} + \frac{1}{q}C^{1-q}\Xi_q^{\frac{1}{q}-2}\frac{\partial \Xi_q}{\partial \theta^2} \\
&= \Xi_q^{\frac{1}{q}}\left(-\frac{1}{2}\frac{\theta^1}{\theta^2}\right)^2 + C^{1-q}\Xi_q^{\frac{1}{q}-1}\left(-\frac{1}{2}\frac{1}{\theta^2}\right) \\
&\quad + \frac{1}{q}\Xi_q^{\frac{1}{q}}\frac{(1-q)^2}{3-q}\left(-\frac{1}{2}\frac{\theta^1}{\theta^2}\right)^2 + \frac{1}{q}C^{1-q}\Xi_q^{\frac{1}{q}-1}(1-q)\left(-\frac{1}{2}\frac{1}{\theta^2}\right)
\end{aligned}$$

$$
\begin{aligned}
&= \frac{1}{q}\frac{1+q}{3-q}\Xi_q^{\frac{1}{q}}\left(-\frac{1}{2}\frac{\theta^1}{\theta^2}\right)^2 + \frac{1}{q}C^{1-q}\Xi_q^{\frac{1}{q}-1}\left(-\frac{1}{2}\frac{1}{\theta^2}\right) \\
&= \Xi_{q'}\mu^2 + \frac{1}{q}C^{1-q}\Xi_q^{\frac{1}{q}-1}\left(C^{q-1}\Xi_q\sigma^2\right) \\
&= \Xi_{q'}\mu^2 + \frac{3-q}{q+1}\Xi_{q'}\sigma^2 \\
&= \Xi_{q'}\left\{(\mu^2+\sigma^2) + 2\frac{1-q}{1+q}\sigma^2\right\} \quad\quad (8.42)
\end{aligned}
$$

であることがわかる. 一方

$$
\begin{aligned}
\eta'_i &= \frac{\partial \psi'_{q'}}{\partial \theta'^i} \\
&= \frac{1}{q}\frac{\partial}{\partial \theta'^i}q\left(\psi_q + C^{1-q}\ln_q \Xi_q^{\frac{1}{q}}\right) \\
&= \frac{\partial \psi_q}{\partial \theta^i} + \frac{\partial}{\partial \theta^i}\left(C^{1-q}\ln_q \Xi_q^{\frac{1}{q}}\right) \\
&= \eta_i + \frac{\partial}{\partial \theta^i}\left(C^{1-q}\ln_q \Xi_q^{\frac{1}{q}}\right) \quad\quad (8.43)
\end{aligned}
$$

のようになるので, τ-変換により期待値にバイアス $\dfrac{\partial}{\partial \theta^i}\left(C^{1-q}\ln_q \Xi_q^{\frac{1}{q}}\right)$ が生じることがわかる.

9 非加法的エントロピー

通常の対数関数では，積を和に一意に分解するが，べき型に拡張された対数関数では2種類の分解が存在する．この分解は等価ではなく，それぞれで異なる非加法性へと導くことになる．一つは優加法性であり，もう一つは劣加法性である．合成系のエントロピーが，部分系のエントロピーの和に対して，増加するのか減少するのかは，自然科学の分野に留まらず，情報科学においても非常に重要な役割を持っている†．これらについて考察した後，べき型の分布が登場することになる場合の例として，熱浴の定積熱容量が有限の場合の分布関数を導く．この導出については，途中までは通常のBoltzmann因子を導出する過程と同じであるが，近似を少々丁寧に行うところがポイントとなる．べき型の分布関数を導出した後に，相互情報量を具体的に計算することにより，独立性とエントロピーの非加法性とが矛盾しないこと，つまり両立することを具体的に示す．

9.1 恒等式と非加法性

ここでは，べき型に拡張された対数関数の性質として現れる恒等式に注目し，エントロピーの非加法性を導く．そのため，以下の2種類の恒等式が成立する

---

† 例えば，深層学習による自然言語処理を行うときに利用されるword2vecでは, negative samplingを行う際に確率分布を0.75乗して得られるエスコート分布からサンプリングすることが推奨されており，この処方は，ここでの $\tau = s = 0.75$ とおいたことに対応している．これにより，べき乗された確率分布に対応して得られるエントロピーは，非加法性を持つようになるが，優加法性を選択するのか劣加法性を選択するのかに応じて，選ばれたデータから得られる情報量がまったく異なることになる．

9.1 恒等式と非加法性

ことに注目する。二つの確率分布 $\check{p}_1(x)$ と $\check{p}_2(x)$ が与えられたとき

$$\ln_s(\check{p}_1\check{p}_2) = \check{p}_2^{1-s}\ln_s\check{p}_1 + \check{p}_1^{1-s}\ln_s\check{p}_2 - (1-s)\ln_s\check{p}_1 \cdot \ln_s\check{p}_2 \tag{9.1}$$

$$\ln_s(\check{p}_1\check{p}_2) = \ln_s\check{p}_1 + \ln_s\check{p}_2 + (1-s)\ln_s\check{p}_1 \cdot \ln_s\check{p}_2 \tag{9.2}$$

が成り立つ。ここで，左辺はどちらも共通であるが，右辺が異なっていることに注意する。この相違が，以下で見るようにエントロピーが持つ性質に決定的な違いを与えることになる。以下では，二つの確率分布 $\check{p}_1(x)$ と $\check{p}_2(x)$ がたがいに独立であるものとする。このとき，エントロピーは

$$\overset{B}{S}(\check{p}_1\check{p}_2) = \left\langle \overset{S}{\ell_*} \middle| -\overset{B}{\ell} \right\rangle = \frac{1}{s}\int \mathrm{d}x\mathrm{d}y \, (\check{p}_1\check{p}_2)^s \left(-\ln_s(\check{p}_1\check{p}_2)\right) \tag{9.3}$$

で与えられるが，積の分解に対する恒等式として式 (9.1) を用いたときには

$$\overset{B}{S}(\check{p}_1\check{p}_2)$$
$$= \frac{1}{s}\int \mathrm{d}x\mathrm{d}y \, (\check{p}_1\check{p}_2)^s \left(-\check{p}_2^{1-s}\ln_s\check{p}_1 - \check{p}_1^{1-s}\ln_s\check{p}_2 + (1-s)\ln_s\check{p}_1 \cdot \ln_s\check{p}_2\right)$$
$$= \frac{1}{s}\int \mathrm{d}x\mathrm{d}y \, (-\check{p}_2\check{p}_1^s\ln_s\check{p}_1 - \check{p}_1\check{p}_2^s\ln_s\check{p}_2 + (1-s)\check{p}_1^s\ln_s\check{p}_1 \cdot \check{p}_2^s\ln_s\check{p}_2)$$
$$= \overset{B}{S}(\check{p}_1) + \overset{B}{S}(\check{p}_2) + s(1-s)\overset{B}{S}(\check{p}_1)\overset{B}{S}(\check{p}_2) \tag{9.4}$$

のようになる。したがって，エントロピー $\overset{B}{S}(\check{p})$ はつぎのような非加法性を持つことになる。

$$\overset{B}{S}(\check{p}_1\check{p}_2) = \overset{B}{S}(\check{p}_1) + \overset{B}{S}(\check{p}_2) + s(1-s)\overset{B}{S}(\check{p}_1)\overset{B}{S}(\check{p}_2) \tag{9.5}$$

ここでのエントロピーと Tsallis エントロピーとは

$$S^{Tsallis}(\check{p}) = s\overset{B}{S}(\check{p}) \tag{9.6}$$

のように関係しており，Tsallis エントロピーの満たす非加法性は式 (9.5) で与えられているものと同様になる（非加法性を表す項の符号が "+" であることに注意する）。

9. 非加法的エントロピー

$$S^{Tsallis}(\check{p}_1\check{p}_2) = S^{Tsallis}(\check{p}_1) + S^{Tsallis}(\check{p}_2)$$
$$+ (1-s)\,S^{Tsallis}(\check{p}_1)\,S^{Tsallis}(\check{p}_2) \tag{9.7}$$

また，積の分解に対する恒等式に式 (9.2) を用いたときには

$$\overset{B}{S}(\check{p}_1\check{p}_2)$$
$$= \frac{1}{s}\int\mathrm{d}x\mathrm{d}y\,(\check{p}_1\check{p}_2)^s\left(-\ln_s\check{p}_1 - \ln_s\check{p}_2 - (1-s)\ln_s\check{p}_1\cdot\ln_s\check{p}_2\right)$$
$$= \frac{1}{s}\int\mathrm{d}x\mathrm{d}y\,(-\check{p}_2^s\check{p}_1^s\ln_s\check{p}_1 - \check{p}_1^s\check{p}_2^s\ln_s\check{p}_2 - (1-s)\check{p}_1^s\ln_s\check{p}_1\cdot\check{p}_2^s\ln_s\check{p}_2)$$
$$= \Xi_1\Xi_2\left(\Xi_1^{-1}\overset{B}{S}(\check{p}_1) + \Xi_2^{-1}\overset{B}{S}(\check{p}_2) - s\,(1-s)\,\Xi_1^{-1}\overset{B}{S}(\check{p}_1)\,\Xi_2^{-1}\overset{B}{S}(\check{p}_2)\right)$$
$$\tag{9.8}$$

のようになる。ただし

$$\Xi_1 = \int\mathrm{d}x\,\check{p}_1^s \tag{9.9}$$

$$\Xi_2 = \int\mathrm{d}y\,\check{p}_2^s \tag{9.10}$$

である。そこで，共形エントロピーを，$\Xi = \int\mathrm{d}x\,\check{p}^s$ として

$$S_B(\check{p}) = \frac{s}{\Xi}\overset{B}{S}(\check{p}) \tag{9.11}$$

のように定義すれば[†]，共形エントロピー $S_B(\check{p})$ はつぎのような非加法性を持つことになる（非加法性を表す項の符号が "−" であることに注意する）。

$$S_B(\check{p}_1\check{p}_2) = S_B(\check{p}_1) + S_B(\check{p}_2) - (1-s)\,S_B(\check{p}_1)\,S_B(\check{p}_2) \tag{9.12}$$

この共形エントロピーは，$s < 1$ のとき**劣加法性** (subadditivity) を示している。

[†] 確率変数 X と Y の同時分布 $\check{p}_1\check{p}_2$ のエントロピーを考えているので，$\Xi_1\Xi_2 = \int\mathrm{d}x\mathrm{d}y\,(\check{p}_1\check{p}_2)^s$ より，$S_B(\check{p}_1\check{p}_2) = \frac{s}{\Xi_1\Xi_2}\overset{B}{S}(\check{p}_1\check{p}_2)$ となる。

Tsallisエントロピーは，この共形性とは両立せず，非加法性を表す項の符号が逆転していることに注意する．つまり，$s>1$のときに劣加法性を示す．どちらの符号を選択するかは，考える問題に依存して決められることになるが，相互情報量という観点からは，やはり共形エントロピーが持つ非加法性のほうがまともである．

9.2 べき型分布と相互情報量

ここでは，この非加法性と相互情報量の関係について考えていく．そのために，この非加法的エントロピーに拘束条件を加えて極大化することで得られるべき型の確率分布が，どのような状況下で現れてくるのかということについて調べることにする．

まず，部分系AとBからなる系$\Omega = A \cup B$について考える．全系のエネルギーをE_Ωとする．部分系Aのエネルギーの値がE_Aで与えられるような特定の状態に，部分系Aがあるとき，その実現確率は状態数の比として

$$p(E_A) = \frac{1 \cdot W(E_\Omega - E_A)}{W_\Omega(E_\Omega)} = \frac{W(E_\Omega - E_A)}{W(E_\Omega)} \cdot \frac{W(E_\Omega)}{W_\Omega(E_\Omega)} \tag{9.13}$$

で与えられる[†]．ただし，$W(E)$は部分系のエネルギーがEであるときの状態数を表し，$W_\Omega(E_\Omega)$は全系のエネルギーがE_Ωのときの全系Ωのとり得る状態数を表している．ここで

$$\frac{W(E_\Omega)}{W_\Omega(E_\Omega)} \tag{9.14}$$

は全系のエネルギーE_Ωで決定される状態数の比なので，部分系Aに関する情報は何も含まれていない．つまり，部分系AがエネルギーE_Aの状態にあるということに関する情報は，すべて状態数の比

$$\frac{W(E_\Omega - E_A)}{W(E_\Omega)} \tag{9.15}$$

[†] $W(E_\Omega - E_A)$は，部分系Bの状態数を表している．

9. 非加法的エントロピー

に含まれていることになる。

そこで，部分系 A と部分系 B との間のエネルギーのやり取りが，微小なエネルギー ε を単位として行われるものとし，その結果として部分系 A のエネルギーが E_A に落ち着いたものと考えると

$$\varepsilon = \frac{E_A}{N} \tag{9.16}$$

として

$$\begin{aligned}
&\frac{W(E_\Omega - E_A)}{W(E_\Omega)} \\
&= \frac{W(E_\Omega - N\varepsilon)}{W(E_\Omega - (N-1)\varepsilon)} \cdot \frac{W(E_\Omega - (N-1)\varepsilon)}{W(E_\Omega - (N-2)\varepsilon)} \cdots \\
&\cdots \frac{W(E_\Omega - 4\varepsilon)}{W(E_\Omega - 3\varepsilon)} \cdot \frac{W(E_\Omega - 3\varepsilon)}{W(E_\Omega - 2\varepsilon)} \cdot \frac{W(E_\Omega - 2\varepsilon)}{W(E_\Omega - \varepsilon)} \cdot \frac{W(E_\Omega - \varepsilon)}{W(E_\Omega)} \\
&= \prod_{k=0}^{N-1} \frac{W(E_\Omega - (k+1)\varepsilon)}{W(E_\Omega - k\varepsilon)}
\end{aligned} \tag{9.17}$$

のように変形することができる。

いま，$N\varepsilon = E_A$ で E_A の値を一定に保ったまま $N \to \infty$ の極限を考える。このとき ε は N の大きさに応じて $\varepsilon \to 0$ となっていくことになる[†]。このような極限操作のことを熱力学的極限と呼ぶ。この $N \to \infty$ の熱力学的極限のもとで（分子を $E_\Omega - k\varepsilon$ の周りで ε の 1 次の項までで近似する）

$$\begin{aligned}
&\prod_{k=0}^{N-1} \frac{W(E_\Omega - (k+1)\varepsilon)}{W(E_\Omega - k\varepsilon)} \\
&\xrightarrow[(\varepsilon \to 0)]{N \to \infty} \prod_{k=0}^{N-1} \frac{W(E_\Omega - k\varepsilon) - \varepsilon W'(E_\Omega - k\varepsilon)}{W(E_\Omega - k\varepsilon)} \\
&= \prod_{k=0}^{N-1} \left\{ 1 - \varepsilon \frac{W'(E_\Omega - k\varepsilon)}{W(E_\Omega - k\varepsilon)} \right\}
\end{aligned} \tag{9.18}$$

[†] 二項分布から Poisson 分布を導くときの極限のとり方と同一のものである。

のように評価できる。ただし

$$W'(E) = \frac{dW}{dE} \tag{9.19}$$

である。

Boltzmann 定数を 1 とする単位系を用いることにすれば，熱力学ではエネルギーが E の状態にある系のエントロピーは

$$S = \log W(E) \tag{9.20}$$

で与えられ，そのときの温度は

$$\frac{1}{T} = \frac{\partial S}{\partial E} \tag{9.21}$$

で与えられる。このことに注意すると

$$\left.\frac{\partial S}{\partial E}\right|_{E=E_\Omega - k\varepsilon} = \frac{W'(E_\Omega - k\varepsilon)}{W(E_\Omega - k\varepsilon)} = \frac{1}{T(E_\Omega - k\varepsilon)} \tag{9.22}$$

であることがわかる。ここで，T はエネルギーの関数であることを明示していることに注意する。この関係と熱力学的極限 $N \to \infty$ ($\varepsilon \to 0$) をとっていることを利用すると

$$\begin{aligned}
\prod_{k=0}^{N-1} \left\{ 1 - \varepsilon \frac{W'(E_\Omega - k\varepsilon)}{W(E_\Omega - k\varepsilon)} \right\} &= \prod_{k=0}^{N-1} \left\{ 1 - \varepsilon \frac{1}{T(E_\Omega - k\varepsilon)} \right\} \\
&= \prod_{k=0}^{N-1} \exp\left\{ -\frac{\varepsilon}{T(E_\Omega - k\varepsilon)} \right\} \\
&= \exp\left\{ -\sum_{k=0}^{N-1} \frac{\varepsilon}{T(E_\Omega - k\varepsilon)} \right\} \\
&= \exp\left\{ -\int_0^{E_A} du \frac{1}{T(E_\Omega - u)} \right\} \quad (9.23)
\end{aligned}$$

のようになることがわかる[†]。さて

[†] $\Delta k = 1$ なので，$u = k\varepsilon$ とすれば，$\Delta u = \Delta k \varepsilon = \varepsilon$ となる。いま，熱力学的極限のもとで考えているので，$\varepsilon = \Delta u \to du$ となる。

9. 非加法的エントロピー

$$T' = \frac{\mathrm{d}T}{\mathrm{d}E} \tag{9.24}$$

として，温度 T を E_Ω の周りで u の1次まで展開すると

$$T(E_\Omega - u) = T(E_\Omega) - u\,T'(E_\Omega) \tag{9.25}$$

のようになるので，部分系 B のエネルギーの増加量[†]は

$$\Delta E = -u \tag{9.26}$$

となり，部分系 B の温度の変化量は

$$\Delta T = -u\,T'(E_\Omega) \tag{9.27}$$

となる。したがって，部分系 B の**定積熱容量** (heat capacity at constant volume) C_V は

$$C_V = \frac{\Delta E}{\Delta T} = \frac{1}{T'(E_\Omega)} \tag{9.28}$$

であることがわかる。この定積熱容量 C_V を用いると

$$T(E_\Omega - u) \approx T(E_\Omega) - u\,T'(E_\Omega) = T(E_\Omega) - u\,C_V^{-1} \tag{9.29}$$

なので

$$\begin{aligned}
\int_0^{E_A} \mathrm{d}u\, \frac{1}{T(E_\Omega - u)} &= \int_0^{E_A} \mathrm{d}u\, \frac{1}{T(E_\Omega) - u\,C_V^{-1}} \\
&= \left[-C_V \log \left| T(E_\Omega) - u\,C_V^{-1} \right| \right]_0^{E_A} \\
&= -C_V \log \left| \frac{T(E_\Omega) - E_A C_V^{-1}}{T(E_\Omega)} \right| \\
&= -\log \left| 1 - C_V^{-1} \frac{E_A}{T(E_\Omega)} \right|^{C_V} \tag{9.30}
\end{aligned}$$

となる。したがって

[†] $T(E_\Omega + \Delta E) \approx T(E_\Omega) + \Delta E\,T'(E_\Omega)$

$$\frac{W(E_\Omega - E_A)}{W(E_\Omega)} = \left|1 - C_V^{-1} \frac{E_A}{T(E_\Omega)}\right|^{C_V} \propto p(E_A) \qquad (9.31)$$

となることが導かれる。

部分系 A のエネルギーが E_A であるような状態になっている確率

$$p(E_A) \propto \left|1 - C_V^{-1} \frac{E_a}{T(E_\Omega)}\right|^{C_V} \qquad (9.32)$$

は，定積熱容量 $C_V \to \infty$ の極限では

$$p(E_A) \xrightarrow{C_V \to \infty} \exp\left(-\frac{E_A}{T(E_\Omega)}\right) \qquad (9.33)$$

となり，いわゆる Boltzmann 因子を再現する。これは，環境（**熱浴**（heat bath））との相互作用を無視できる極限に相当している。また，環境（部分系 B のことであり，熱浴とも呼ばれる）の定積熱容量を

$$C_V = \frac{1}{1-q} \qquad (9.34)$$

とおくと，$q \to 1$ のとき先に見た Boltzmann 因子を再現し，$q < 1$ では

$$p(E_A) \propto \left(1 - (1-q)\frac{E_A}{T(E_\Omega)}\right)^{\frac{1}{1-q}} \qquad (9.35)$$

のようにべき乗則に従うような因子が登場する。これは，定積熱容量 C_V が有限なため環境と部分系との相互作用が無視できないときに現れる因子である。

直感的には，運動エネルギーは速度の大きさの 2 乗に比例するので k_q を適当な比例定数として $E_a = k_q(v - v_0)^2$ とおいてみる。ただし，v_0 は平均速度である。そうすると

$$p(v) \propto \left(1 - (1-q)\,k_q \frac{(v - v_0)^2}{T(E_\Omega)}\right)^{\frac{1}{1-q}} \qquad (9.36)$$

が得られるが，これはいわゆる q-正規分布となっている。つまり，q-正規分布を考えるということは部分系を考えることに対応しているのである。これに伴いエントロピーは，非加法性を持つべき型のエントロピーとして定義されることになる。ただし，この非加法性についてはべき型に拡張された対数関数に対

して2種類の異なる恒等式が成立するために，それぞれに応じた2種類の非加法性が導出されることになる．そのうち，重要なのは劣加法性を表すほうである（つまり，Tsallis が与えた非加法性とは逆符号のものである）．このようなべき型の分布まで含んで幾何学的に議論できるようにしたものが，ここで議論している τ-情報幾何学である．

全系 $(\Omega = A \cup B)$ から目的に応じて必要な部分系 (A) を取り出して考えるとき，一般に環境 (B) との相互作用を無視することはできない．しかし，環境に関する十分な情報を得ることは容易なことではなく，むしろ得られないことのほうが多い．そのようなときに q-正規分布のようなべき型の分布を考えることで環境との相互作用を含んだ議論ができるようになる．このとき，平行移動の仕方を表していたパラメータ q は，熱力学的には環境の定積熱容量 $(C_V = 1/(1-q))$ を表しているので，部分系と環境との相互作用の度合い[†1]を表すパラメータであると考えることができる．

さて，ここで相互情報量について考える．相互情報量とは，確率変数 X と Y の同時分布 $\check{p}(X,Y)$ が与えられたとき，それぞれの周辺分布を $\check{p}(X)$ と $\check{p}(Y)$ とすれば

$$\begin{aligned} I(X;Y) &= \overset{B}{D}(\check{p}(X,Y) \| \check{p}(X)\check{p}(Y)) \\ &= g^{00} \left\langle \overset{S}{\ell}_0(\check{p}(Y)) \middle| \overset{B}{\ell}_0(\check{p}(Y)) \overset{B}{D}(\check{p}(X|Y) \| \check{p}(X)) \right\rangle \\ &= g^{00} \left\langle \overset{S}{\ell}_0(\check{p}(X)) \middle| \overset{B}{\ell}_0(\check{p}(X)) \overset{B}{D}(\check{p}(Y|X) \| \check{p}(Y)) \right\rangle \end{aligned} \qquad (9.37)$$

のように与えられる．ここで[†2]

$$\overset{\tau}{\check{p}}(\bullet) = \left(1 + \mathrm{sgn}_W(\tau)(1-s)\theta^0\right)^{\frac{1}{1-s}} \check{p}(\bullet) \qquad (9.38)$$

なので

[†1] 環境から部分系に熱が流れた際に生じる環境の変化のこと．
[†2] 以下の式中の $\bullet$ は，確率変数 X または確率変数 Y が入ることを表している．つまり，本来，確率変数ごとに成り立つ式を $\bullet$ により，一つの式にまとめて表している．

9.2 べき型分布と相互情報量

$$\overset{B}{\ell}(\check{p}(\bullet)) = \frac{1}{1-s}\left\{\left(1+(1-s)\,\theta^0\right)\check{p}(\bullet)^{1-s}-1\right\} \tag{9.39}$$

$$\overset{S}{\ell}(\check{p}(\bullet)) = \frac{1}{s}\left\{\left(1-(1-s)\,\theta^0\right)^{\frac{s}{1-s}}\check{p}(\bullet)^s-1\right\} \tag{9.40}$$

となり†

$$\overset{B}{\ell}_0(\check{p}(\bullet)) = \check{p}(\bullet)^{1-s} \tag{9.41}$$

$$\overset{S}{\ell}_0(\check{p}(\bullet)) = -\left(1-(1-s)\,\theta^0\right)^{\frac{2s-1}{1-s}}\check{p}(\bullet)^s \tag{9.42}$$

である。また

$$g^{00} = -\left(1-(1-s)\,\theta^0\right)^{\frac{1-2s}{1-s}} \tag{9.43}$$

である。ここで，ダイバージェンスは

$$\overset{B}{D}(\check{p}_1\|\check{p}_2) = \left\langle \overset{S}{\ell}_*(\check{p}_1)\,\middle|\,-\overset{B}{\ell}(\check{p}_2)\right\rangle - \left\langle \overset{S}{\ell}_*(\check{p}_1)\,\middle|\,-\overset{B}{\ell}(\check{p}_1)\right\rangle \tag{9.44}$$

のようにも表すことができるので

$$\begin{aligned}
&\overset{B}{D}(\check{p}(X,Y)\|\check{p}(X)\check{p}(Y)) \\
&= \left\langle \overset{S}{\ell}_*(\check{p}(X,Y))\,\middle|\,-\ln_s(\check{p}(X)\check{p}(Y))\right\rangle - \left\langle \overset{S}{\ell}_*(\check{p}(X,Y))\,\middle|\,-\ln_s\check{p}(X,Y)\right\rangle \\
&= \left\langle \overset{S}{\ell}_*(\check{p}(X,Y))\,\middle|\,-\ln_s\check{p}(X)\right\rangle + \left\langle \overset{S}{\ell}_*(\check{p}(X,Y))\,\middle|\,-\ln_s\check{p}(Y)\right\rangle \\
&\quad + (1-s)\left\langle \overset{S}{\ell}_*(\check{p}(X,Y))\,\middle|\,-\ln_s\check{p}(X)\ln_s\check{p}(Y)\right\rangle - \overset{B}{S}(\check{p}(X,Y))
\end{aligned} \tag{9.45}$$

---

† ここで τ-対数尤度 $\overset{\tau}{\ell}(\check{p}(\bullet))$ は

$$\overset{\tau}{\ell}(\check{p}(\bullet)) = \frac{1}{1-\tau}\left\{\check{p}(\bullet)^{1-\tau}-1\right\}$$

$$= \frac{1}{1-\tau}\left\{\left(1+\mathrm{sgn}_W(\tau)\,(1-s)\,\theta^0\right)^{\frac{1-\tau}{1-s}}\check{p}(\bullet)^{1-\tau}-1\right\}$$

のように定義されており，$\tau=B$ は $\tau=s$ を意味し，$\tau=S$ は $\tau=1-s$ を意味していることに注意する。

9. 非加法的エントロピー

のようになっていることがわかる。これを用いると, 相互情報量は

$$
\begin{aligned}
& I(X;Y) \\
&= \left\langle \overset{S}{\ell_*}(\check{p}(X,Y)) \,\middle|\, -\ln_s \check{p}(X) \right\rangle + \left\langle \overset{S}{\ell_*}(\check{p}(X,Y)) \,\middle|\, -\ln_s \check{p}(Y) \right\rangle \\
&\quad - \overset{B}{S}(\check{p}(X,Y)) + (1-s) \left\langle \overset{S}{\ell_*}(\check{p}(X,Y)) \,\middle|\, -\ln_s \check{p}(X) \ln_s \check{p}(Y) \right\rangle
\end{aligned}
$$
(9.46)

のようにも表すことができる。

いま, 確率変数 X と Y が独立な場合, すなわち $\check{p}(X,Y) = \check{p}(X)\check{p}(Y)$ の場合を考えてみる。このとき

$$
\begin{aligned}
& \left\langle \overset{S}{\ell_*}(\check{p}(X)\check{p}(Y)) \,\middle|\, -\ln_s \check{p}(X) \ln_s \check{p}(Y) \right\rangle \\
&= -\int dx dy \frac{1}{s} (\check{p}(X)\check{p}(Y))^s \ln_s \check{p}(X) \ln_s \check{p}(Y) \\
&= -s \int dx \frac{1}{s} \check{p}(X)^s \ln_s \check{p}(X) \int dy \frac{1}{s} \check{p}(Y)^s \ln_s \check{p}(Y) \\
&= -s \left\langle \overset{S}{\ell_*}(\check{p}(X)) \,\middle|\, -\ln_s \check{p}(X) \right\rangle \left\langle \overset{S}{\ell_*}(\check{p}(Y)) \,\middle|\, -\ln_s \check{p}(Y) \right\rangle
\end{aligned}
$$
(9.47)

なので

$$
\begin{aligned}
0 &= \overset{B}{D}\big(\check{p}(X)\check{p}(Y) \,\big\|\, \check{p}(X)\check{p}(Y)\big) \\
&= \left\langle \overset{S}{\ell_*}(\check{p}(X)\check{p}(Y)) \,\middle|\, -\ln_s \check{p}(X) \right\rangle + \left\langle \overset{S}{\ell_*}(\check{p}(X)\check{p}(Y)) \,\middle|\, -\ln_s \check{p}(Y) \right\rangle \\
&\quad + (1-s) \left\langle \overset{S}{\ell_*}(\check{p}(X)\check{p}(Y)) \,\middle|\, -\ln_s \check{p}(X) \ln_s \check{p}(Y) \right\rangle - \overset{B}{S}(\check{p}(X)\check{p}(Y)) \\
&= \Xi_Y \left\langle \overset{S}{\ell_*}(\check{p}(X)) \,\middle|\, -\ln_s \check{p}(X) \right\rangle + \Xi_X \left\langle \overset{S}{\ell_*}(\check{p}(Y)) \,\middle|\, -\ln_s \check{p}(Y) \right\rangle \\
&\quad - s(1-s) \left\langle \overset{S}{\ell_*}(\check{p}(X)) \,\middle|\, -\ln_s \check{p}(X) \right\rangle \left\langle \overset{S}{\ell_*}(\check{p}(Y)) \,\middle|\, -\ln_s \check{p}(Y) \right\rangle
\end{aligned}
$$

9.2 べき型分布と相互情報量

$$-\overset{B}{S}(\check{p}(X)\check{p}(Y))$$

$$= \Xi_Y \overset{B}{S}(\check{p}(X)) + \Xi_X \overset{B}{S}(\check{p}(Y)) - s(1-s)\overset{B}{S}(\check{p}(X))\overset{B}{S}(\check{p}(Y))$$

$$-\overset{B}{S}(\check{p}(X)\check{p}(Y))$$

$$= \frac{1}{s}\Xi_X \Xi_Y \Big\{ S_B(\check{p}(X)) + S_B(\check{p}(Y)) - (1-s)S_B(\check{p}(X))S_B(\check{p}(Y))$$

$$- S_B(\check{p}(X)\check{p}(Y)) \Big\} \tag{9.48}$$

となる。したがって，確率変数 X と Y が独立な場合の相互情報量はもちろん 0 であるが，このことから

$$S_B(\check{p}(X)\check{p}(Y))$$
$$= S_B(\check{p}(X)) + S_B(\check{p}(Y)) - (1-s)S_B(\check{p}(X))S_B(\check{p}(Y)) \tag{9.49}$$

であることが再び示される。このことから，エントロピーの非加法性は確率変数の独立性とは矛盾しないことがわかる。

10 加法的エントロピーへの変換

ここでは，スケール変換の自由度を利用して，非加法的エントロピーを加法的エントロピーに変換することを考える。そのために，まず，スケール変換後のエントロピーが，共形エントロピーのスケール変換を表す座標である θ^0 に応じたシフトとスケール変換の合成で表されることが示される。つぎに，これを用いて，シフトされた共形エントロピーを考えることで，2 種類の確率変数がたがいに独立であるとき，このシフトされた共形エントロピーが加法性を満たすように θ^0 の値を決定できることが示される。

特に，$\tau = s \to 1$ の場合について，このエントロピーの非加法性を加法性へと変換することの意味を考える。ただし，$s \to 1$ の場合，エントロピーは Boltzmann-Shannon エントロピーであり，もともと加法性を有しているため，θ^0 は任意の値をとることができる[†]。

10.1 加法性の回復

まず，スケール変換後のエントロピーは，以下のように表すことができる。

$$\overset{B}{S}(\check{p};\theta^0)$$
$$= \left\langle \overset{S}{\ell}_* \middle| -\overset{B}{\ell} \right\rangle$$

[†] このとき，$\theta^0 = \psi(\theta^1, \theta^2, \cdots, \theta^r)$ と選ぶこともできる。このことが，接触構造との関連を考える動機の一つにもなっているが，ここでは，これについては議論しない。

$$= \int dx \frac{1}{s} \left(1-(1-s)\,\theta^0\right)^{\frac{s}{1-s}} \check{p}^s \cdot \frac{-1}{1-s} \left\{ \left(1+(1-s)\,\theta^0\right) \check{p}^{1-s} - 1 \right\}$$

$$= \left(1-(1-s)\,\theta^0\right)^{\frac{s}{1-s}} \int dx \frac{1}{s} \check{p}^s \cdot \left\{ -\frac{1}{1-s}\left(\check{p}^{1-s}-1\right) - \theta^0 \check{p}^{1-s} \right\}$$

$$= \left(1-(1-s)\,\theta^0\right)^{\frac{s}{1-s}} \left(\overset{B}{S}(\check{p}) - \frac{1}{s}\theta^0 \right)$$

$$= \left(1-(1-s)\,\theta^0\right)^{\frac{s}{1-s}} \frac{\Xi}{s} \left(S_B(\check{p}) - \frac{1}{\Xi}\theta^0 \right) \tag{10.1}$$

以下では，このスケール変換 θ^0 の値を適当に選ぶことにより，この非加法的エントロピーを加法的エントロピーに変換することができることを示す．

まず，確率変数 X と Y が独立であれば，同時分布は $\check{p}(X)\check{p}(Y)$ となり，$\Xi = \Xi_X \Xi_Y$ なので

$$\overset{B}{S}(\check{p}(X)\check{p}(Y);\theta^0_{XY})$$

$$= \left(1-(1-s)\,\theta^0_{XY}\right)^{\frac{s}{1-s}} \frac{\Xi_X \Xi_Y}{s} \left(S_B(\check{p}(X)\check{p}(Y)) - \frac{1}{\Xi_X \Xi_Y}\theta^0_{XY} \right) \tag{10.2}$$

となる．ここで，確率変数 X と Y が独立なので

$$S_B(\check{p}(X)\check{p}(Y))$$
$$= S_B(\check{p}(X)) + S_B(\check{p}(Y)) - (1-s)\,S_B(\check{p}(X))\,S_B(\check{p}(Y)) \tag{10.3}$$

が成り立つことを考慮すれば

$$\overset{B}{S}(\check{p}(X)\check{p}(Y);\theta^0_{XY})$$

$$= \left(1-(1-s)\,\theta^0_{XY}\right)^{\frac{s}{1-s}} \frac{\Xi_X \Xi_Y}{s} \left(S_B(\check{p}(X)\check{p}(Y)) - \frac{1}{\Xi_X \Xi_Y}\theta^0_{XY} \right)$$

$$= \left(1-(1-s)\,\theta^0_{XY}\right)^{\frac{s}{1-s}} \frac{\Xi_X \Xi_Y}{s} \Bigg(S_B(\check{p}(X)) + S_B(\check{p}(Y))$$
$$\quad - (1-s)\,S_B(\check{p}(X))\,S_B(\check{p}(Y)) - \frac{1}{\Xi_X \Xi_Y}\theta^0_{XY} \Bigg)$$

$$= \left(1-(1-s)\theta_{XY}^0\right)^{\frac{s}{1-s}} \frac{\Xi_X \Xi_Y}{s} \left(S_B(\check{p}(X)) - \frac{1}{\Xi_X}\theta_{XY}^0\right)$$

$$+ \left(1-(1-s)\theta_{XY}^0\right)^{\frac{s}{1-s}} \frac{\Xi_X \Xi_Y}{s} \left(S_B(\check{p}(Y)) - \frac{1}{\Xi_Y}\theta_{XY}^0\right)$$

$$- (1-s)\left(1-(1-s)\theta_{XY}^0\right)^{\frac{s}{1-s}} \frac{\Xi_X \Xi_Y}{s} S_B(\check{p}(X)) S_B(\check{p}(Y))$$

$$- \left(1-(1-s)\theta_{XY}^0\right)^{\frac{s}{1-s}} \frac{\Xi_X \Xi_Y}{s} \left(\frac{1}{\Xi_X \Xi_Y} - \frac{1}{\Xi_X} - \frac{1}{\Xi_Y}\right) \theta_{XY}^0$$

$$= \Xi_Y \overset{B}{S}(\check{p}(X); \theta_{XY}^0) + \Xi_X \overset{B}{S}(\check{p}(Y); \theta_{XY}^0) - Rest \qquad (10.4)$$

であることがわかる。ただし

$$Rest = (1-s)\left(1-(1-s)\theta_{XY}^0\right)^{\frac{s}{1-s}} \frac{\Xi_X \Xi_Y}{s} S_B(\check{p}(X)) S_B(\check{p}(Y))$$

$$+ \left(1-(1-s)\theta_{XY}^0\right)^{\frac{s}{1-s}} \frac{\Xi_X \Xi_Y}{s} \left(\frac{1}{\Xi_X \Xi_Y} - \frac{1}{\Xi_X} - \frac{1}{\Xi_Y}\right) \theta_{XY}^0$$

$$\qquad (10.5)$$

である。ここで

$$S_B(\check{p}) = \frac{s}{\Xi} \overset{B}{S}(\check{p}) = \frac{1}{1-s}\left(1 - \frac{1}{\Xi}\right) \qquad (10.6)$$

であることを用いると

$$S_B(\check{p}(X)) S_B(\check{p}(Y))$$

$$= \frac{1}{1-s}\left(1 - \frac{1}{\Xi_X}\right) \frac{1}{1-s}\left(1 - \frac{1}{\Xi_Y}\right)$$

$$= \frac{1}{(1-s)^2}\left(\frac{1}{\Xi_X \Xi_Y} - \frac{1}{\Xi_X} - \frac{1}{\Xi_Y} + 1\right) \qquad (10.7)$$

なので

$$Rest = \left(1-(1-s)\theta_{XY}^0\right)^{\frac{s}{1-s}} \frac{\Xi_X \Xi_Y}{s} \frac{1}{1-s}\left(\frac{1}{\Xi_X \Xi_Y} - \frac{1}{\Xi_X} - \frac{1}{\Xi_Y} + 1\right)$$

$$+ \left(1-(1-s)\theta_{XY}^0\right)^{\frac{s}{1-s}} \frac{\Xi_X \Xi_Y}{s} \left(\frac{1}{\Xi_X \Xi_Y} - \frac{1}{\Xi_X} - \frac{1}{\Xi_Y}\right) \theta_{XY}^0$$

10.1 加法性の回復

$$= \left(1 - (1-s)\theta_{XY}^0\right)^{\frac{s}{1-s}} \frac{\Xi_X \Xi_Y}{s} \frac{1}{1-s}$$
$$\times \left(\frac{1}{\Xi_X \Xi_Y} - \frac{1}{\Xi_X} - \frac{1}{\Xi_Y} + 1 \right.$$
$$\left. + (1-s) \left(\frac{1}{\Xi_X \Xi_Y} - \frac{1}{\Xi_X} - \frac{1}{\Xi_Y} \right) \theta_{XY}^0 \right)$$
$$= \left(1 - (1-s)\theta_{XY}^0\right)^{\frac{s}{1-s}} \frac{\Xi_X \Xi_Y}{s} \frac{1}{1-s}$$
$$\times \left(1 - \left(\frac{1}{\Xi_X} + \frac{1}{\Xi_Y} - \frac{1}{\Xi_X \Xi_Y} \right) \left(1 + (1-s)\theta_{XY}^0\right) \right) \tag{10.8}$$

のようになる。そこで

$$\left(\frac{1}{\Xi_X} + \frac{1}{\Xi_Y} - \frac{1}{\Xi_X \Xi_Y} \right) \left(1 + (1-s)\theta_{XY}^0\right) = 1 \tag{10.9}$$

となるように θ^0 を選ぶことにすれば

$$\theta_{XY}^0 = \ln_s \left(\frac{\Xi_X \Xi_Y}{\Xi_X + \Xi_Y - 1} \right)^{\frac{1}{1-s}} \tag{10.10}$$

であり，このとき $Rest = 0$ となるので

$$\overset{B}{S}\bigl(\check{p}(X)\check{p}(Y); \theta_{XY}^0\bigr) = \Xi_Y \overset{B}{S}\bigl(\check{p}(X); \theta_{XY}^0\bigr) + \Xi_X \overset{B}{S}\bigl(\check{p}(Y); \theta_{XY}^0\bigr) \tag{10.11}$$

であることがわかる。この関係式の両辺に $\dfrac{s}{\Xi_X \Xi_Y}$ を掛けると

$$\frac{s}{\Xi_X \Xi_Y} \overset{B}{S}\bigl(\check{p}(X)\check{p}(Y); \theta_{XY}^0\bigr)$$
$$= \frac{s}{\Xi_X} \overset{B}{S}\bigl(\check{p}(X); \theta_{XY}^0\bigr) + \frac{s}{\Xi_Y} \overset{B}{S}\bigl(\check{p}(Y); \theta_{XY}^0\bigr) \tag{10.12}$$

となり

$$S_B\bigl(\check{p}(X)\check{p}(Y); \theta_{XY}^0\bigr) = S_B\bigl(\check{p}(X); \theta_{XY}^0\bigr) + S_B\bigl(\check{p}(Y); \theta_{XY}^0\bigr) \tag{10.13}$$

であることが示された。すなわち，加法性が回復したことになっている。ただし

$$S_B(\check{p}(\bullet);\theta^0) = \frac{s}{\Xi_\bullet} \overset{B}{S}(\check{p}(\bullet);\theta^0)$$

$$= \left(1 - (1-s)\theta^0\right)^{\frac{s}{1-s}} \left(S_B(\check{p}(\bullet)) - \frac{1}{\Xi_\bullet}\theta^0\right) \quad (10.14)$$

である[†1]。

10.2 スケール座標の役割

ここで，スケール座標 θ^0 の役割について考えてみる。まず，非加法的エントロピーを加法的エントロピーに変換する際に，確率密度関数をスケール変換する必要があった。そこで，エントロピーに対するスケール変換の影響を $s \to 1$ の場合で見てみると

$$\overset{B}{\ell} = \log \check{p} + \theta^0 \quad (10.15)$$

$$\overset{S}{\ell} = e^{-\theta^0} \check{p} - 1 \quad (10.16)$$

なので

$$\overset{B}{S}(\check{p};\theta^0) = e^{-\theta^0}\left(S^{BS} - \theta^0\right) \quad (10.17)$$

のようになる[†2]。つまり，スケール変換のエントロピーへの影響は，エントロピーを評価するための原点の平行移動とそれに伴うエントロピーを測るための一目盛の大きさの変更という形で現れる[†3]。

同時確率分布 $\check{p}(X,Y)$ が与えられたとき，確率変数 X と Y が独立[†4]であれ

[†1] ここでも，$\bullet$ は X または Y を表している。

[†2] ここで，$S^{BS} = -\int dx\, \check{p}\log\check{p}$ であり，Boltzmann-Shannon エントロピーを表している。

[†3] このことは接触構造とも関係している。この関係から Heisenberg 群を構成し，群構造として情報幾何学をとらえることもできる。

[†4] 事象の独立性と確率変数の独立性は，確率変数の無限列を取り扱う場合を除いて異なっているので注意すること。事象の独立性のほうが条件が厳しくなっている。ただし，二つの事象を考えている場合と二つの確率変数について考えている場合は一致している。

ば，その周辺分布 $\check{p}(X)$ と $\check{p}(Y)$ を用いて $\check{p}(X,Y) = \check{p}(X)\check{p}(Y)$ のように表すことができる．しかし，このままでは，τ-アファイン構造のもとで定義されたエントロピーは非加法性を持つので，スケール変換の自由度を利用して加法的エントロピーへ変換した．このときのスケール変換の座標（パラメータ）は

$$\theta^0_{XY} = \ln_s \left(\frac{\Xi_X \Xi_Y}{\Xi_X + \Xi_Y - 1} \right)^{\frac{1}{1-s}} \tag{10.18}$$

のように周辺分布 $\check{p}(\bullet)$ のべき乗の大きさ

$$\Xi_\bullet = \int dx\, \check{p}(\bullet)^s \tag{10.19}$$

により決定されている[†1]．この座標値 θ^0_{XY} の分だけ分布関数を拡大し，エントロピーを測る際の原点を平行移動した後，その平行移動に伴いエントロピーを測るための一目盛の大きさを変更することで，エントロピーの加法性を回復しているのである．ここで，スケール変換は同時分布とその周辺分布とで同じ値で行われることに注意すると，スケール変換 θ^0 には，τ-アファイン構造ごとに特別な値が存在していることがわかる[†2]．

[†1] ここで $s \to 1$ の場合には，S^{BS} は加法的エントロピーなので $\theta^0_{XY} = 0$ となる．
[†2] この θ^0 の値に応じた等位面を考えると自然に接触構造が出現し，Legendre 変換が定義できる等位面が τ-アファイン構造に応じて変化していくこともわかる．

11 ホログラフィー原理

これまでは，確率分布について考えてきたため，意味のある統計量を出すために $\theta^0 = 0$ で評価する必要があったが，ここでは一旦それを忘れて，任意の θ^0 の値について考えていくことにする[†1]。これにより，自然座標系として $(\theta^0, \theta^1, \theta^2, \cdots, \theta^r)$ を持つような τ-アファイン空間を扱うことになる。このように 1 次元だけ追加して考えることで，さまざまな量が計算しやすくなったり，複雑な状況が簡単な状況に帰着できたりする場合があることがわかる。ここで，1 次元だけ追加することを余次元 1 と呼び，余次元 1 を考えることで複雑な状況が簡単な状況に帰着できることをホログラフィー原理と総称する。これは，素粒子理論や宇宙論では，AdS/CFT 対応として知られてもいる。量子情報理論や量子光学の分野では，エンタングルメントが重要な役割を演じているが，これもまた，余次元 1 を考えて係数をベクトル化すれば直積に分解できるようになり，エンタングル状態を解くことができる。さらに，深層学習においても，層の方向を余次元 1 の方向だとみなすことで，ホログラフィー原理からその動作を理解しようとする研究も進められている[†2]。

ここでは，まず計量について，いくつかの座標変換を通して，さまざまな分野で知られている計量と類似の型に帰着できるかを探る。その結果として，どの計量の型とも異なっていることがわかる。つぎに，ホログラフィー原理の一つの例として，加法・非加法変換を考察する。その結果，物理学分野で知られている鈴木-Trotter 変換と類似していることがわかる。

[†1] もちろん，τ の値に応じて θ^0 のとり得る値には制限が付くことになる。
[†2] 興味のある読者は文献23)を読まれるとよい。

11.1 計量とホログラフィー原理

スケール変換の座標 θ^0 を $\theta^0 = 0$ とせずに計量を評価すると

$$(g_{\alpha\beta}) = \left(1 - (1-s)\theta^0\right)^{\frac{2s-1}{1-s}}$$

$$\times \begin{pmatrix} -1 & 0 \cdots 0 \\ \hline 0 & \\ \vdots & \left(1 + (1-s)\theta^0\right)\left(1 - (1-s)\theta^0\right)\left(g^{Fisher}\right)_{ij} \\ 0 & \end{pmatrix}$$

(11.1)

のように表される。

この計量に対して,いくつかの座標変換を施してみて,見慣れた型の計量にできるのかどうかを確かめてみる。物理でおなじみの不定計量なので,一般相対性理論もしくは宇宙論で知られた型の計量に関連付けることができれば非常に都合がよいのであるが,そうはいかないことがわかる。

まず,以下のような θ^0 に対する座標変換を行うことにする。

$$t = \exp\left(2 - 2\left(1 - (1-s)\theta^0\right)^{\frac{1}{2(1-s)}}\right) \tag{11.2}$$

この θ^0 の座標変換により

$$\frac{dt}{t} = \left(1 - (1-s)\theta^0\right)^{\frac{2s-1}{2(1-s)}} d\theta^0 \tag{11.3}$$

が得られるようになっている。このとき,共形 Fisher 計量として

$$\left(g^{CF}\right)_{ij} = \left(1 - \log\sqrt{t}\right)^{2s}\left(2 - \left(1 - \log\sqrt{t}\right)^{2(1-s)}\right)\left(g^{Fisher}\right)_{ij} \tag{11.4}$$

を定義すると,計量はつぎのように表すことができる。

$$
(g_{\alpha\beta}) = \begin{pmatrix} -\dfrac{1}{t^2} & 0 \cdots 0 \\ \hline 0 & \\ \vdots & \left(g^{CF}\right)_{ij} \\ 0 & \end{pmatrix} \tag{11.5}
$$

この計量は，通常，つぎのようにも表される．

$$
(\mathrm{d}s)^2 = -\frac{(\mathrm{d}t)^2}{t^2} + \left(g^{CF}\right)_{ij} \mathrm{d}\theta^i \mathrm{d}\theta^j \tag{11.6}
$$

また

$$
t = 2 - 2\left(1 - (1-s)\theta^0\right)^{\frac{1}{2(1-s)}} \tag{11.7}
$$

のように座標変換すれば

$$
\mathrm{d}t = \left(1 - (1-s)\theta^0\right)^{\frac{2s-1}{2(1-s)}} \mathrm{d}\theta^0 \tag{11.8}
$$

となるので，共形 Fisher 計量として

$$
\left(g^{CF}\right)_{ij} = \left(1 - \frac{t}{2}\right)^{2s} \left(2 - \left(1 - \frac{t}{2}\right)^{2(1-s)}\right) \left(g^{Fisher}\right)_{ij} \tag{11.9}
$$

を定義すると，計量はつぎのように表すことができる．

$$
(g_{\alpha\beta}) = \begin{pmatrix} -1 & 0 \cdots 0 \\ \hline 0 & \\ \vdots & \left(g^{CF}\right)_{ij} \\ 0 & \end{pmatrix} \tag{11.10}
$$

この計量は，通常，つぎのようにも表される．

$$
(\mathrm{d}s)^2 = -(\mathrm{d}t)^2 + \left(g^{CF}\right)_{ij} \mathrm{d}\theta^i \mathrm{d}\theta^j \tag{11.11}
$$

最後に，つぎのような座標変換を考える．

$$
t = 2\sqrt{1 - (1-(1-s)\theta^0)^{\frac{1}{2(1-s)}}} \tag{11.12}
$$

11.1 計量とホログラフィー原理

この座標変換を用いると

$$t\,\mathrm{d}t = \left(1-(1-s)\,\theta^0\right)^{\frac{2s-1}{2(1-s)}}\mathrm{d}\theta^0 \tag{11.13}$$

であることがわかるので，共形 Fisher 計量として

$$\left(g^{CF}\right)_{ij} = \left(1-\frac{t^2}{4}\right)^{2s}\left(2-\left(1-\frac{t^2}{4}\right)^{2(1-s)}\right)\left(g^{Fisher}\right)_{ij} \tag{11.14}$$

を定義すると，計量はつぎのように表すことができる．

$$(g_{\alpha\beta}) = \begin{pmatrix} -t^2 & 0\cdots 0 \\ \hline 0 & \\ \vdots & \left(g^{CF}\right)_{ij} \\ 0 & \end{pmatrix} \tag{11.15}$$

この計量は，通常，つぎのようにも表される．

$$(\mathrm{d}s)^2 = -t^2\,(\mathrm{d}t)^2 + \left(g^{CF}\right)_{ij}\mathrm{d}\theta^i\mathrm{d}\theta^j \tag{11.16}$$

以上のことから，この計量は不定計量ではあるものの，一般相対性理論で知られている de Sitter 空間の計量とは異なり，また anti-de Sitter 空間の計量とも異なっていることがわかる．

また，元の計量 (11.1) を共形変換された計量であると思えば

$$\begin{aligned}(\mathrm{d}s)^2 &= \left(1-(1-s)\,\theta^0\right)^{\frac{2s-1}{1-s}} \\ &\quad \times\left\{-\left(\mathrm{d}\theta^0\right)^2 + \left(1-(1-s)^2\left(\theta^0\right)^2\right)\left(g^{Fisher}\right)_{ij}\mathrm{d}\theta^i\mathrm{d}\theta^j\right\} \\ &= \left(1-(1-s)\,\theta^0\right)^{\frac{s}{1-s}}\left(1+(1-s)\,\theta^0\right) \\ &\quad \times\left\{-\frac{1}{\left(1-(1-s)^2\left(\theta^0\right)^2\right)}\left(\mathrm{d}\theta^0\right)^2 + \left(g^{Fisher}\right)_{ij}\mathrm{d}\theta^i\mathrm{d}\theta^j\right\}\end{aligned} \tag{11.17}$$

となり，ここで

$$t = \frac{1}{1-s} \arcsin\bigl((1-s)\,\theta^0\bigr) \qquad (11.18)$$

と座標変換すれば

$$(\mathrm{d}s)^2 = (1 - \sin((1-s)\,t))^{\frac{s}{1-s}} (1 + \sin((1-s)\,t))$$
$$\times \left\{ -(\mathrm{d}t)^2 + \left(g^{Fisher}\right)_{ij} \mathrm{d}\theta^i \mathrm{d}\theta^j \right\} \qquad (11.19)$$

のように表すこともできる。

さて，このように座標変換でさまざまな型に計量を変換することができるが，計量に対してどのような表現が便利なのかは，考えている問題によることになる。

非加法的エントロピーを加法的エントロピーに変換した際には，スケール変換の座標 θ^0 を

$$\theta^0_{XY} = \ln_s \left(\frac{\Xi_X \Xi_Y}{\Xi_X + \Xi_Y - 1}\right)^{\frac{1}{1-s}} = \frac{1}{1-s} \frac{(\Xi_X - 1)(\Xi_Y - 1)}{\Xi_X + \Xi_Y - 1} \qquad (11.20)$$

のように指定したが，これはスケール変換を表す座標を 1 次元だけ追加して r 次元空間[†1]を余次元 1 のアファイン空間（$(r+1)$ 次元空間の r 次元部分空間）と考えたことで可能になったことである。

さらに，この余次元 1 のアファイン空間（τ-アファイン空間）を考えることで

$$g^{00} \overset{S}{\ell}_0 = \check{p}^s \qquad (11.21)$$

が利用できることになり，期待値の定義を幾何学的に行うことも可能となった。このように，1 次元だけ適切に追加することで，元の空間を余次元 1 の空間として考えることは，物事を簡単に取り扱うための便利な技法の一つとして考えることができる。

そこで，少々言葉を拡大解釈することにして，複雑な事象を，1 次元だけ余分な次元[†2]を追加して考えることにより，その事象を簡単に取り扱うことができるような状況を作り出すことができたならば，**ホログラフィー原理**（holographic principle）を利用したということにしよう。

---

†1 ここでは，$(\theta^1, \theta^2, \cdots, \theta^r)$ の座標系で表されているアファイン空間のこと。
†2 もちろん，適切に次元を追加しなければうまくいかない。

11.2 加法・非加法変換

ここでは，ホログラフィー原理の例を二つ挙げることにする。まず一つ目は，量子力学が意味を持つような世界での話になるが，とりあえずは，行列の一般的な積に関する話だと思って構わない。**鈴木-Trotter 変換**（Suzuki-Trotter transformation）と呼ばれる物性物理学で知られた変換がある。これは，M という一種のスケール変換のパラメータを新たな座標（Trotter 座標という）として導入することで，一般に非可換な行列の積を可換なものにする変換である。二つ目は，ここでのべき型に拡張された指数関数である τ-指数関数の積を，先ほどの鈴木-Trotter 変換と同様に，M という一種のスケール変換のパラメータを新たな座標として導入することで，通常の指数関数の積にする変換である。

非可換な行列 X と Y の**交換子**（commutator）を

$$[X, Y] = XY - YX \tag{11.22}$$

のような交換関係で定義するとき，一般には行列の積は交換しないので

$$[X, Y] \neq 0 \tag{11.23}$$

である。このとき，e^A をべき級数で以下のように定義する。

$$e^A = \sum_{k=0}^{\infty} \frac{1}{k!} A^k \tag{11.24}$$

このとき，X と Y が非可換のときには

$$e^X e^Y \neq e^{X+Y} \tag{11.25}$$

である。この式の左辺は，**Campbell-Baker-Hausdorff の公式**（Campbell-Baker-Hausdorff formula）により

$$e^X e^Y = \exp\left\{(X+Y) + \frac{1}{2}[X, Y] + \frac{1}{12}[X-Y, [X, Y]] + \cdots \right\} \tag{11.26}$$

のように与えられる。

ここで，行列のスケール変換 X/M と Y/M を行うと

$$e^{\frac{X}{M}} e^{\frac{Y}{M}}$$
$$= \exp\left\{\frac{1}{M}(X+Y) + \frac{1}{M^2}\frac{1}{2}[X,Y] + \frac{1}{M^3}\frac{1}{12}[X-Y,[X,Y]] + \cdots\right\} \tag{11.27}$$

のようになるので，この式の両辺を M 乗して

$$\left(e^{\frac{X}{M}} e^{\frac{Y}{M}}\right)^M$$
$$= \exp\left\{(X+Y) + \frac{1}{M}\frac{1}{2}[X,Y] + \frac{1}{M^2}\frac{1}{12}[X-Y,[X,Y]] + \cdots\right\} \tag{11.28}$$

を得ることができる。そこで，$M \to \infty$ の極限をとると

$$\lim_{M \to \infty} \left(e^{\frac{X}{M}} e^{\frac{Y}{M}}\right)^M = \exp(X+Y) \tag{11.29}$$

のようになり，可換な場合に帰着されることがわかる。この変換は，鈴木-Trotter 変換と呼ばれている。

非可換な状況を，スケール変換に対応する新たな次元を一つだけ追加することで，可換な状況へと変換することができる。この追加された次元に対応する座標を Trotter 座標と呼ぶこともある。これは，ホログラフィー原理の一つの例となっている。

つぎに，べき型に拡張された τ-指数関数の積について考えてみる。まず，直接計算することで

$$\exp_\tau(A)\exp_\tau(B) = \exp_\tau((A+B) + (1-\tau)AB) \tag{11.30}$$

のようになる。これは，可換ではあるが，通常の指数関数の掛け算の結果[†]とは異なるものになっている。

[†] 通常の指数関数の積は $e^A e^B = e^{A+B}$ となるので，べき型に拡張された τ-指数関数では，その拡張の仕方に応じた変更が現れていることがわかる。

11.2 加法・非加法変換

鈴木-Trotter 変換のときと同様に，スケール変換 A/M と B/M を行うと

$$\exp_\tau\left(\frac{A}{M}\right)\exp_\tau\left(\frac{B}{M}\right) = \exp_\tau\left(\frac{1}{M}(A+B) + \frac{1}{M^2}(1-\tau)AB\right) \tag{11.31}$$

のように変換される。両辺を M 乗して

$$\left(\exp_\tau\left(\frac{A}{M}\right)\exp_\tau\left(\frac{B}{M}\right)\right)^M$$
$$= \exp_\tau\left\{\sum_{k=1}^{M}\binom{M}{k}(1-\tau)^{k-1}\left(\frac{1}{M}(A+B) + \frac{1}{M^2}(1-\tau)AB\right)^k\right\} \tag{11.32}$$

が得られる。ここで，$M \to \infty$ の極限をとると

$$\lim_{M\to\infty}\left(\exp_\tau\left(\frac{A}{M}\right)\exp_\tau\left(\frac{B}{M}\right)\right)^M = \exp(A+B) \tag{11.33}$$

のように，通常の指数関数の積になることがわかる。

このスケール変換式 (11.31) は

$$\tau = 1 - (1-\tau')M \tag{11.34}$$

と置き換えることで通常の τ-指数関数の積になる。このとき，$\tau = 1$ の場合は極限で考えることにして $0 < \tau \leqq 1$ のときには

$$1 - \frac{1}{M} < \tau' \leqq 1 \tag{11.35}$$

となるので，$M \to \infty$ の極限では，$\tau' \to 1$ となる。

このように，スケール変換に対応した次元を一つだけ追加することで，べき型に拡張された τ-指数関数の積が通常の指数関数の積に変換できることが示された。つまり，これもまたホログラフィー原理の一つの例となっている。

12　τ-平均

ここでは，Cooper[13]，Hardy-Littlewood-Pólya[14]，Lin[15] と Itô-Nara[16] 等により考察された**一般化平均**（generalized mean）†の拡張である τ-**平均**（τ-mean）について考えていく。この τ-平均は，Cooper により提案された一般化平均と Hardy-Littlewood-Pólya により提案された一般化平均が持つ性質を合わせ持つような一般化平均になっており，τ-アファイン構造を決定するパラメータ τ と平均値を計算する確率変数 X の指数 m の 2 種類の制御パラメータを持っている。

得られたデータの平均値を経験的にどのように計算すればよいのかがわかっているときには，この τ-平均のパラメータ τ と m の値を決めることができるだろう。そして一度 τ の値が決まってしまえば，τ-アファイン構造が決定され，それに伴い考えることができる確率分布族やエントロピー，ダイバージェンスなどが確率分布族を表す母数パラメータ Θ に基づき一意に決まっていく。つまり，τ-情報幾何学における未定なパラメータは確率分布族を表す母数パラメータ Θ のみとなる。このことが，τ-情報幾何学が甘利らの情報幾何学と最も大きく異なる点である。

τ-平均 $\overset{B}{\mu}_m$ の定義は，縮約を用いた期待値を利用して，つぎのように与えら

---

† Cooper[13] により提案された一般化平均（本書では，パラメータ m の値による一般化に対応している）と，Hardy-Littlewood-Pólya[14] により提案された一般化平均（本書では，パラメータ τ の値による一般化に対応している）の 2 種類がある。また，Lin[15] と Itô-Nara[16] は Hardy-Littlewood-Pólya[14] により提案された一般化平均についてさらに考察を深めている。

れる。$\tau = s \geqq 0$ のときには次式となる。

$$\overset{B=s}{\mu_m} = \left(\frac{1}{\Xi} g^{00} \left\langle \begin{array}{c} S \\ \ell_0 \end{array} \middle| x^m \right\rangle\right)^{\frac{1}{m}} = \left(\frac{1}{\Xi} \int \mathrm{d}x \, \check{p}^s \, x^m\right)^{\frac{1}{m}} \tag{12.1}$$

また，$\tau = s < 0$ のときには，s を $-s$ に置き換えて計算することにする。
すなわち

$$\overset{B=s}{\mu_m} = \left(\frac{1}{\Xi} \int \mathrm{d}x \, \check{p}^{|s|} \, x^{\mathrm{sgn}(s)\,m}\right)^{\mathrm{sgn}(s)\frac{1}{m}} \tag{12.2}$$

のように定義する。ただし，$\mathrm{sgn}(s)$ は

$$\mathrm{sgn}(s) = \begin{cases} +1, & s > 0 \\ -1, & s < 0 \end{cases} \tag{12.3}$$

のような符号関数であり

$$\Xi = \int \mathrm{d}x \, \check{p}^{|s|} \tag{12.4}$$

である。また，$\tau = s$ を B で表している。これは，もちろん $Body$ 世界の量であることを示すためである。

以下では，具体的につぎのような**確率質量関数** (probability mass function)[†]

$$\check{p} = p_1 \delta(x - x_1) + p_2 \delta(x - x_2) \tag{12.5}$$

が与えられた場合について考えていくことにする。ここで，$p_1 + p_2 = 1$ であり，$B = 1$ と $B = -1$ のときには，$\Xi = 1$ が成立することに注意する。

まず，$(B, m) = (-1, 1)$ と $(1, -1)$ のときには，τ-平均 $\overset{B}{\mu_m}$ は

$$\begin{aligned} \overset{B}{\mu_m} &= \left(\int \mathrm{d}x \, \check{p} \, \frac{1}{x}\right)^{-1} \\ &= \left\{\int \mathrm{d}x \, (p_1 \delta(x - x_1) + p_2 \delta(x - x_2)) \frac{1}{x}\right\}^{-1} \\ &= \left(\frac{p_1}{x_1} + \frac{p_2}{x_2}\right)^{-1} = \frac{x_1 x_2}{p_1 x_2 + p_2 x_1} \end{aligned} \tag{12.6}$$

[†] 確率変数が離散的な場合は，確率密度関数に対応するものを確率質量関数と呼ぶ。

のように与えられる。したがって，このτ-平均$\overset{B}{\mu}_m$は**調和平均**(harmonic mean) を与えていることがわかる。

つぎに，$(B,m) = (-1,0)$ と $(1,0)$ のときには，τ-平均$\overset{B}{\mu}_0$ は

$$\overset{B}{\mu}_0 = \lim_{m \to 0} \left(\int \mathrm{d}x\, \check{p}\, x^m \right)^{\frac{1}{m}}$$

$$= \lim_{m \to 0} \left\{ \int \mathrm{d}x\, (p_1 \delta(x - x_1) + p_2 \delta(x - x_2))\, x^m \right\}^{\frac{1}{m}}$$

$$= \lim_{m \to 0} (p_1 x_1^m + p_2 x_2^m)^{\frac{1}{m}} = x_1^{p_1} x_2^{p_2} \tag{12.7}$$

のように与えられる†。したがって，このτ-平均$\overset{B}{\mu}_0$は**幾何平均**(geometric mean) を与えていることがわかる。

また，$(B,m) = (-1,-1)$ と $(1,1)$ のときには，τ-平均$\overset{B}{\mu}_m$ は

$$\overset{B}{\mu}_m = \int \mathrm{d}x\, \check{p}\, x$$

$$= \int \mathrm{d}x\, (p_1 \delta(x - x_1) + p_2 \delta(x - x_2))\, x$$

$$= p_1 x_1 + p_2 x_2 \tag{12.8}$$

のように与えられる。したがって，このτ-平均$\overset{B}{\mu}_m$は**算術平均**(arithmetic mean) を与えていることがわかる。

ここで，$B = 1$ で $m > 0$ のとき，$p_1 = p_2 = 1/2$ とすれば，$\Xi = 1$ なので，Cooperの定理[13]が以下のように得られる。τ-平均$\overset{B=1}{\mu}_m$ は

$$\overset{B=1}{\mu}_m = \left(\int \mathrm{d}x\, \check{p}\, x^m \right)^{\frac{1}{m}} = \left(\frac{x_1^m + x_2^m}{2} \right)^{\frac{1}{m}} \tag{12.9}$$

---

† $m \ll 1$ のとき，$x^m \approx 1 + m \log x$ のように近似できる。この近似を用いると

$$p_1 x_1^m + p_2 x_2^m \approx (p_1 + p_2) + m \left(\log x_1^{p_1} + \log x_2^{p_2} \right) = 1 + m \log\bigl(x_1^{p_1} x_2^{p_2}\bigr)$$

のように近似することができ

$$\lim_{m \to 0} (p_1 x_1^m + p_2 x_2^m)^{\frac{1}{m}} = \exp\bigl(\log(x_1^{p_1} x_2^{p_2})\bigr) = x_1^{p_1} x_2^{p_2}$$

が導かれる。

となり，τ-平均 $\mu_m^{B=1}$ が算術平均を与えていることがわかる．つぎに，$m \to 0$ の極限をとれば，先ほどの例と同様にして幾何平均 $\sqrt{x_1 x_2}$ が得られる．さらに，$m = -1$ とおけば，調和平均 $\dfrac{2x_1 x_2}{x_1 + x_2}$ も得ることができる．

これらの具体例からも，τ-平均 $\mu_m^{B=s}$ は，Cooper と Hardy-Littlewood-Pólya らにより考察された2種類の一般化平均を含んでいることがわかる．

すなわち，τ-平均は，どのような平均を実現するのかを制御するための2種類のパラメータを持っている．一つは，確率変数 X の指数 m であり，このパラメータは Cooper により与えられた一般化平均を制御するパラメータと同様の効果を持っている．もう一つは，τ の値であり，このパラメータはさまざまなタイプの平均を得るために必要なくり込まれた τ-対数尤度の型を制御するものであり，Hardy-Littlewood-Pólya により考察され Lin と Itô-Nara により拡張された一般化平均を制御するパラメータと同様の効果を持っている．

ここで，τ-平均を定義するために，確率密度関数やいわゆるエスコート分布が用いられたのではなく，くり込まれた τ-対数尤度 $\overset{S}{\ell_*}$ が用いられたということに注意する．つまり，期待値とは，くり込まれた τ-対数尤度もしくはスケール方向のスコア関数への射影として定義されているのである．

ところで，τ-情報幾何学には，ただ一つだけ，すべてを制御する自由パラメータ τ が存在している．これは，τ-アファイン構造を決定し，τ-平均を決定するなど，重要な役割を担っている．一方で，一般に甘利による情報幾何学では，α-接続と α-ダイバージェンスなどに登場するパラメータ α は接続とダイバージェンスとで異なる値をとることができる．最近では，凸関数を一つ与えて，ダイバージェンスを決めてから α-接続を導出するスタイルが主流になりつつあるが，この状況においてもダイバージェンスを特徴付けるパラメータと接続を制御するパラメータは同一である必要はない（同一であっても構わない）．この点が，τ-情報幾何学と甘利らの情報幾何学との最も大きな違いである．

統計に関連するさまざまな分野において，与えられたデータに対して，まず最初に考察されるのは平均である．その平均にも，ここで見たようにさまざま

な種類があり，どのタイプの平均を用いるのが与えられたデータに対してより適切であるかを判断することが重要になってくる。

このことは，τ-平均における制御パラメータτの値をどのような値にするべきかを判断することと密接に関連している。与えられたデータに対して適切な平均を選択することは，τの値を決定することになり，このことはτ-情報幾何学から自由パラメータを排除することにもなる。つまり，τ-平均に現れるパラメータτを決定した場合，自由に値を決められるパラメータは存在しなくなり，すべての量が一意に決定されることになる[†]。この点においても，τ-情報幾何学は，甘利による情報幾何学と大きく異なっている。

[†] もちろん，どのような確率分布族を考えるのかという選択の自由度（つまり，r次の多項式空間を決定すること）は残っている。

引用・参考文献

1) S. Amari, *"Differential-Geometrical Methods in Statistics,"* Lecture Notes in Statistics, Springer New York, (Softcover reprint of the original 1st ed. 1985), 1990.
2) M.K. Murray and J.W. Rice, *"Differential Geometry and Statistics,"* Chapman & Hall/CRC, 1993.
3) S. Amari and H. Nagaoka, *"Methods of Information Geometry (Translations of Mathematical Monographs),"* Oxford University Press: Oxford, UK, 2000.
4) K. Arwini and C.T.J. Dodson, *"Information Geometry: Near Randomness and Near Independence,"* (Lecture Notes in Mathematics, Vol.1953), Springer, 2008.
5) S. Amari, *"Information Geometry and Its Applications,"* Applied Mathematical Sciences, Springer, 2016.
6) O. Calin and C. Udrişte, *"Geometric Modeling in Probability and Statistics,"* Springer, 2014.
7) A. Nihat, J. Juergen and L.V. Hông, *"Information Geometry,"* (A Series of Modern Surveys in Mathematics), Springer, 2017.
8) R.M. Dudley, *"Real Analysis and Probability,"* Cambridge Studies in Advanced Mathematics, Cambridge University Press, 2002.
9) 田中 勝, *"q-正規分布族に関する考察,"* 電子情報通信学会論文誌, D-II, J85-D-II(2), 2002, pp.161–173.
10) C. Tsallis, *"Introduction to Nonextensive Statistical Mechanics: Approaching a Complex World,"* Springer, 2009.
11) A. Rényi, "On measures of entropy and information," in Proceedings of the 4th Berkeley Symposium on Mathematics, Statistics and Probability, Berkeley, CA, USA, 20 June – 30 July 1960, pp.547–561.
12) M. Tanaka, "Meaning of an escort distribution and τ-transformation," Journal of Physics: Conference Series 2010, 201, 012007.
13) R. Cooper, "Notes on certain inequalities II," J. London Math. Soc., 2, 1927,

pp.159–163.
14) G.H. Hardy, J.E. Littlewood, and G. Pólya, "*Inequalities*," Cambridge Univ. Press, Cambridge, 1934, 2nd ed., 1951.
15) T.P. Lin, "The power mean and the logarithmic mean," Amer. Math. Monthly, 81, 1974, pp.879–883.
16) T. Itô and C. Nara, "Quasi-arithmetic means of continuous functions," J. Math. Soc. Japan, 38, 1986, pp.607–720.
17) 斎藤 康毅, "ゼロから作る Deep Learning 2 – 自然言語処理編," オライリージャパン, 2018.
18) J. Pfanzagl, "*Parametric Statistical Theory*," De Gruyter, Reprint 2011.
19) 吉田 朋広, "講座 数学の考え方 (21) 数理統計学," 朝倉書店, 2006.
20) 吉田 洋一, "ルベグ積分入門," ちくま学芸文庫, 筑摩書房, 2015.
21) 赤 攝也, "確率論入門," ちくま学芸文庫, 筑摩書房, 2014.
22) 甘利 俊一, "情報理論," ちくま学芸文庫, 筑摩書房, 2011.
23) 松枝 宏明, "量子系のエンタングルメントと幾何学 ホログラフィー原理に基づく異分野横断の数理," 森北出版, 2016.
24) J. Havrda and F. Charvát, "Quantification methods of classification processes: Concept of structural α-entropy," Kybernetica, vol.3, No.1, pp.30–35, 1967.

索引

【あ】
アファイン空間 45
アファイン座標系 46
アファイン部分空間 47

【い】
一般化 Pythagoras の定理 133
一般化平均 186

【え】
エスコート分布 121
エントロピー 113

【お】
横断的に交わる 65

【か】
確率質量関数 187
確率測度 6
確率変数 6
可測関数 6
可測空間 6
カットオフ 140
完全加法性 10
完備 16
完備化 14

【き】
幾何平均 188
擬距離 125
期待値 116

【く】
空事象 7
くり込まれた確率分布 116
くり込まれた τ-対数尤度 116
くり込み 115

【け】
計量 85
計量的 92
経路順序確率 83

【こ】
交換子 183
根元事象 6
コンフォーマル計量 89

【さ】
三角不等式 125
算術平均 188

【し】
試行 6
指示関数 24
事象 6
事前分布 147
射影回転群 145
十分統計量 51
周辺分布 125
縮約 69
順序付き平行移動 65
情報量最大化基準 147

【す】
スコア関数 66
鈴木-Trotter 変換 183

【せ】
正錐 51
絶対連続 22
線形汎関数 19
全事象 6

【そ】
相互情報量 125
双対空間 69
双対接続 90
測度 8
測度空間 6

【た】
対数尤度 61
ダイバージェンス 125
単関数 23
単調収束定理 23
単調増加列 30

【ち】
チャージ 137
中心モーメント 144
中線定理 17
調和平均 188
直交 16
直交分解定理 18

【て】
定積熱容量 166

索引

【と】
同時確率分布　125
特　異　22
凸　性　138

【ね】
熱　浴　167

【は】
半正定値行列　110

【ひ】
非加法性　45

【ふ】
表現定理　16
不確定性関係　145
部分空間　16
不偏推定量　104
分散・共分散型行列　110

【へ】
閉部分空間　16

【ほ】
ポテンシャル関数　89
ほとんど至るところ　22

【ゆ】
ホログラフィー原理　182
尤　度　60

【よ】
余次元1の空間　51
余事象　36
捩　れ　92

【れ】
劣加法性　162
連続線形汎関数　19

【C】
Campbell-Baker-Hausdorff の公式　183
Cramér-Rao の不等式　103

【D】
delta 測度　15
Dirac 測度　38

【E】
Einstein の和の規約　94

【F】
Fatou の補題　23
Fisher-Neyman の因子分解定理　51

【K】
Koszul 接続　90

【L】
Lebesgue 測度　11
Lebesgue の収束定理　75
Lebesgue の分解定理　22
Legendre 変換　133

【P】
p 乗可積分　30

【Q】
q-正規分布　139

【R】
Radon-Nikodým 導関数　20
Radon-Nikodým の定理　22

【ギリシャ文字】
σ-加法性　10
σ-加法族　7
τ-アファイン共役　68
τ-アファイン構造　48
τ-指数関数　43
τ-商　43
τ-情報幾何　140
τ-積　42
τ-対数関数　44
τ-対数尤度　62
τ-平均　186
τ-変換　154

―― 著者略歴 ――

- 1986年　九州大学理学部物理学科卒業
- 1988年　九州大学大学院理学研究科修士課程修了（物理学専攻）
- 1991年　九州大学大学院理学研究科博士課程修了（物理学専攻），理学博士
- 1991年　電子技術総合研究所　研究員
- 1995年　電子技術総合研究所　主任研究官
- 1995年　大阪大学大学院助教授（連携大学院，～2000年）
- 1995年　カナダ国立科学研究協議会（NRC）招聘研究員（～1996年）
- 2000年　埼玉大学助教授
- 2006年　福岡大学助教授
- 2007年　福岡大学准教授
- 2009年　福岡大学教授
- 　　　　現在に至る
- 2012年　福岡大学の長期在外研究員制度により UC Berkeley, Visiting Research Scientist（ホストは小林昭七先生）（～2013年）

エントロピーの幾何学
Geometry of Entropy　　　　　　　　　　　　　　　Ⓒ Masaru Tanaka 2019

2019 年 5 月 10 日　初版第 1 刷発行
2019 年 8 月 20 日　初版第 2 刷発行

検印省略	著　者　田　中　　　勝	
	発行者　株式会社　コロナ社	
	代表者　牛来真也	
	印刷所　三 美 印 刷 株 式 会 社	
	製本所　有限会社　愛千製本所	

112-0011　東京都文京区千石 4-46-10
発 行 所　株式会社　コ ロ ナ 社
CORONA PUBLISHING CO., LTD.
Tokyo Japan

振替 00140-8-14844・電話(03)3941-3131(代)
ホームページ　http://www.coronasha.co.jp

ISBN 978-4-339-02835-5　C3355　Printed in Japan　　　　　（齋藤）

JCOPY　＜出版者著作権管理機構　委託出版物＞
本書の無断複製は著作権法上での例外を除き禁じられています。複製される場合は，そのつど事前に，出版者著作権管理機構（電話 03-5244-5088, FAX 03-5244-5089, e-mail: info@jcopy.or.jp）の許諾を得てください。

本書のコピー，スキャン，デジタル化等の無断複製・転載は著作権法上での例外を除き禁じられています。購入者以外の第三者による本書の電子データ化及び電子書籍化は，いかなる場合も認めていません。
落丁・乱丁はお取替えいたします。

自然言語処理シリーズ

(各巻A5判)

■監修　奥村　学

配本順			頁	本体
1.（2回）	言語処理のための機械学習入門	高村　大也 著	224	2800円
2.（1回）	質問応答システム	磯崎・東中・永田・加藤 共著	254	3200円
3.	情報抽出	関根　聡 著		
4.（4回）	機械翻訳	渡辺・今村・賀沢・Graham・中澤 共著	328	4200円
5.（3回）	特許情報処理：言語処理的アプローチ	藤井・谷川・岩山・難波・山本・内山 共著	240	3000円
6.	Web言語処理	奥村　学 著		
7.（5回）	対話システム	中野・駒谷・船越・中野 共著	296	3700円
8.（6回）	トピックモデルによる統計的潜在意味解析	佐藤　一誠 著	272	3500円
9.（8回）	構文解析	鶴岡・宮尾・慶介 共著	186	2400円
10.（7回）	文脈解析 —述語項構造・照応・談話構造の解析—	笹野・飯田・遼平・龍 共著	196	2500円
11.（10回）	語学学習支援のための言語処理	永田　亮 著	222	2900円
12.（9回）	医療言語処理	荒牧　英治 著	182	2400円
13.	言語処理のための深層学習入門	渡邉・渡辺・進藤・吉野・小田 共著		

定価は本体価格+税です。
定価は変更されることがありますのでご了承下さい。

図書目録進呈◆

マルチエージェントシリーズ

(各巻A5判)

■編集委員長　寺野隆雄
■編集委員　　和泉　潔・伊藤孝行・大須賀昭彦・川村秀憲・倉橋節也
　　　　　　　栗原　聡・平山勝敏・松原繁夫（五十音順）

配本順				頁	本体
A-1		マルチエージェント入門	寺野隆雄他著		
A-2	(2回)	マルチエージェントのための データ解析	和泉　潔／斎藤正也／山田健太 共著	192	2500円
A-3		マルチエージェントのための 人工知能	栗原　聡／川村秀憲／松井藤五郎 共著		
A-4		マルチエージェントのための 最適化・ゲーム理論	平山勝敏／松原繁夫／松井俊浩 共著		
A-5		マルチエージェントのための モデリングとプログラミング	倉橋・高橋／中島・山根 共著		
A-6		マルチエージェントのための 行動科学：実験経済学からのアプローチ	西野成昭／花木伸行 共著		
B-1		マルチエージェントによる 社会制度設計	伊藤孝行著		
B-2	(1回)	マルチエージェントによる 自律ソフトウェア設計・開発	大須賀・田原／中川・川村 共著	224	3000円
B-3		マルチエージェントシミュレーションによる 人流・交通設計	野田五十樹／山下倫央／藤井秀樹 共著		
B-4		マルチエージェントによる 協調行動と群知能	秋山英三／佐藤浩／栗原聡 共著		
B-5		マルチエージェントによる 組織シミュレーション	寺野隆雄著		
B-6		マルチエージェントによる 金融市場のシミュレーション	高安(美)・高安(秀)／山田・和泉／水田 共著		

定価は本体価格+税です。
定価は変更されることがありますのでご了承下さい。

図書目録進呈◆

シリーズ 情報科学における確率モデル

(各巻A5判)

■編集委員長　土肥　正
■編集委員　　栗田多喜夫・岡村寛之

配本順				頁	本体
1	（1回）	統計的パターン認識と判別分析	栗田多喜夫・日高章理 共著	236	3400円
2	（2回）	ボルツマンマシン	恐神貴行 著	220	3200円
3	（3回）	捜索理論における確率モデル	宝崎隆祐・飯田耕司 共著	296	4200円
4	（4回）	マルコフ決定過程 —理論とアルゴリズム—	中出康一 著	202	2900円
5	（5回）	エントロピーの幾何学	田中　勝 著	206	3000円
6	（6回）	確率システムにおける制御理論	向谷博明 著	270	3900円
7		システム信頼性の数理	大鑄史男 著		近刊
		マルコフ連鎖と計算アルゴリズム	岡村寛之 著		
		確率モデルによる性能評価	笠原正治 著		
		ソフトウェア信頼性のための統計モデリング	土肥　正・岡村寛之 共著		
		ファジィ確率モデル	片桐英樹 著		
		高次元データの科学	酒井智弥 著		
		リーマン後の金融工学	木島正明 著		

定価は本体価格+税です。
定価は変更されることがありますのでご了承下さい。

図書目録進呈◆